文具手帖

season 09

創作、設計、分享、解析
文具迷、手作癡的
無敵專屬發燒書！

野人

漫談書寫的老朋友：手帳！

近年來夯到爆炸的手帳，
這次我們要定位一下它的身分證明！

文字 ・ 攝影 by 一分之一工作室

手帳一詞在目前台灣的文具市場上越來越常出現，但到底甚麼本子可以稱為手帳呢？

手帳是什麼呢？連我們自己剛開店的時候也很霧煞煞，像是上面完全沒有印格式的筆記本到底能不能稱之為手帳？以及手帳一定要是上面有印年份日期才能稱之為手帳嗎？手帳是個外來語，所以台灣當初是誰開始用手帳一詞來做市場行銷，已經不可考，也無法找到人來詢問，於是我們決定重新思考，好好的想清楚，手帳到底是甚麼？

首先得說一個但書，就是手帳是很私人的物件，大家對手帳都應該要有自己的定義以及使用手帳的習慣，這篇文章只是試著從客觀的角度來思考手帳，希望大家看過之後，還是可以有屬於自己心裡的答案。

跟畫圖要打草稿一樣，得先試著替手帳設定個骨架。我們認為它必須是可以攜帶、可以書寫、可以翻閱、可以保存的一個東西，有了這幾個性質，它才能陪著我們，並被使用。所以試著想一下，一個小夾子，夾著數張紙提供翻閱書寫，使用完畢之後為了保有其可被翻閱的特性，可能把夾子取下，換成迴紋針或是用釘書機或甚至裝在紙袋裡，它滿足了可以攜帶、可以書寫、可以翻閱、可以保存，因此它可以說是一個手帳。

有了骨架之後，來思考一下手帳另外一個身分問題，通常手帳這詞被提出來，大家浮現出來的大致上都會是一個類似行事曆的概念，但到底，筆記本、日記本、行事曆、剪貼本、電話本、記帳本等等，它們算是手帳嗎？

其實我覺得只要是符合剛剛我們提到的骨架，都可以說是手帳，但為了避免讓整篇文帳變成好像廢話一樣，還是再小小的深入一點，很難用文字說明，畢竟閱讀文字是很辛苦的，來看個圖解吧！一定可以馬上了解！（是多有自信這樣……）

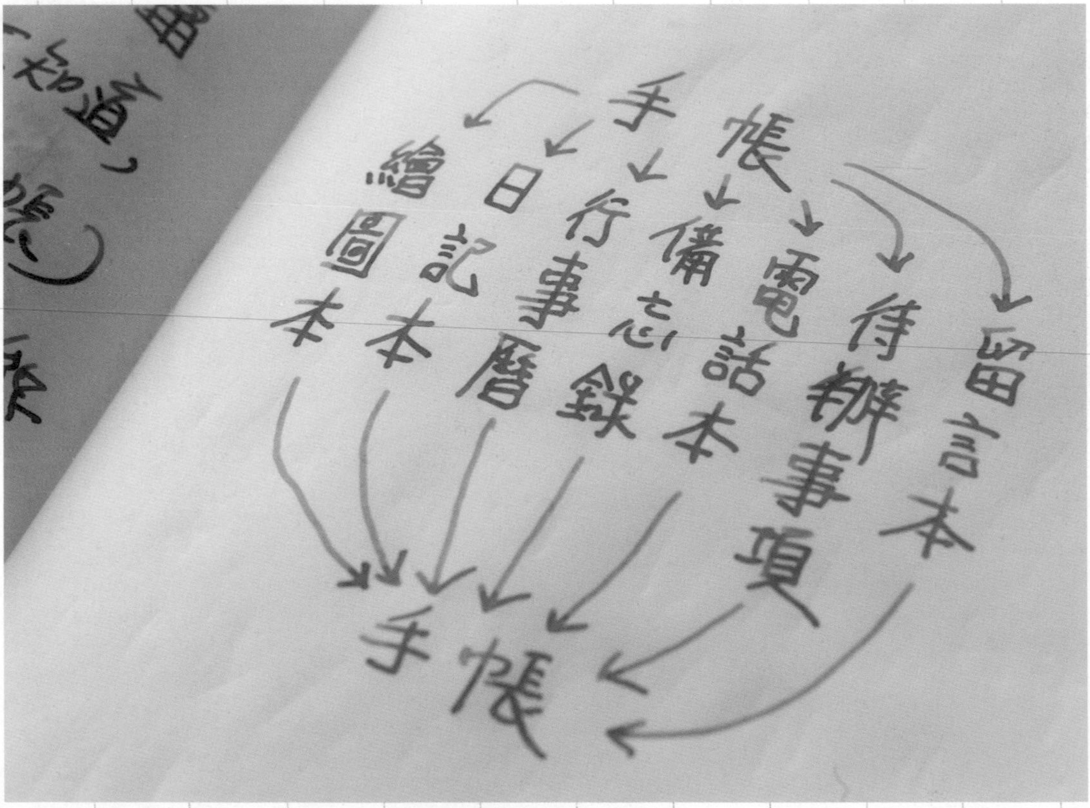

有馬上了解嗎？每年九月各大品牌都如火如荼的發表自家設計的手帳，仔細分析後，發現這些手帳都是綜合圖解中的一些元素去做設計發想，怪不得大家每次都卡著不知道該買哪一本，到最後通通買回家，畢竟系出同門，真的難以抉擇啊！

所以真正的手帳說起來是各種手帳的集合體（如果沒有搭配剛剛的圖解，這一句話真的很難成立），一本空白的本子、幾張夾起來的紙片、印刷精美的行事曆甚至是立在桌上的桌曆，廣義的來說，都可以是手帳。

1.5 mm
SAILOR
ジェントルインク
Jentle Ink
～四季彩～
50ml

Cover Story 書寫的溫度

屬於那個年代的美好工藝設計，
經過時間的淬鍊，
以現代的眼光探究，
依舊光芒不減，熠熠生輝。
這些夢幻逸品有些雖已令人扼腕的停產，
有的至今仍是長銷經典款。
但不管如何身為文具愛好者，
一同品味這些永恆的時尚，
探究歷久彌新的文具設計，
絕對是至高的視覺享受。

致美好年代
古董＆經典文具

古市集，老書店，
精采又難得一見的巴賽隆納古文具，
就讓達人帶路，
跟隨王傑老師，
來場書寫文具的視覺之旅！

古老文字
與書寫器具的追尋

任何事物上的溫度，都是時間累積的結果，也唯有持續不斷的操持，才能在人間的事物上留下溫度，就像是老物件所特有的溫潤色澤，那是器物不會在時間的長流中褪去的溫度，由彼時的主人在人生的時時刻刻中所留下的痕跡，也是生命在知識與工藝當中追求完美的證明。

因此，對於書寫的溫度，除了每日操持的理解外，便落在古老的手寫字跡以及古典的書寫器具的蒐藏上，古老的手寫字體是一種有別於印刷字體的活生生書寫，它的活潑狀態完全超越字帖的框架之外，對於一味臨帖的學習規劃來說，提供了更多的表現與創意；至於古典的書寫器具，那又是另外一個引人入勝的領域，它包含了書寫之外的另一種工藝美術的典範，每個時代各自擁有屬於那個時代的風格，每個國家民族間也存在著差異，這些在書寫器具上所體現的材質與造型上的差異，正足以證明書寫的魅力以及藝術如何在時代與美感的潮流下，對於這個魅力所做的回應。

西式的書法在台灣的近代藝術史當中幾乎沒有真正的存在過，也因此沒有留下任何文物足跡，以上的兩種物件也幾乎沒有任何的管道可以取得，我利用去年底在西班牙的巴賽隆納短暫停留的時間，在舊貨市場、古書店之間穿梭搜尋，去尋找這些至少超過半個世紀以上歲數的餘溫，那一息筆墨紙張摩擦所留下來的時代韻味與文字痕跡。

舊貨市

這是一個在大教堂前會出現的一個小型的古董市集，前來擺攤的都是來自巴賽隆納或是城市周邊的古董商，大部分都是老面孔了，因為販賣的都是小型精緻的古董舊物，一些桌上的古董擺飾特別多，舉凡刺繡書寫印刷擺飾……等等，至於大型的物件就不多見了。

大致上這裡的攤商都會將品項較好，價格較高的小東西展示在扁型的玻璃盒當中，在琳琅滿目的扇子、剪刀、印章、小刀當中便不時地會見到沾水筆或是老鋼筆的身影，我的個人偏好是沾水筆，而在這裡比較常看到的沾水筆大致上可以分成三個類型，木質筆桿、骨質筆桿以及銀製筆。

木質筆桿（圖1）的價錢低，古早時期使用量最大，理應留存量最大，反而是所有材料的筆在市場上的曝光率最低的一種，可能是獲利空間低不為古董商重視，但是像（圖2）的手刻木桿筆就是值得注意的好東西，因為手工製作的筆稀少，而這也是我在攤位上心細眼尖翻找出來的。

骨質筆桿（圖3）的沾水筆通常都會被誤認為象牙筆桿，這是我們一廂情願的想法，古董商也樂得順水推舟的將價錢往上推，一般來說這些骨質筆桿的材質都是牛骨，仔細觀察就會發現它們其

大教堂古董市集

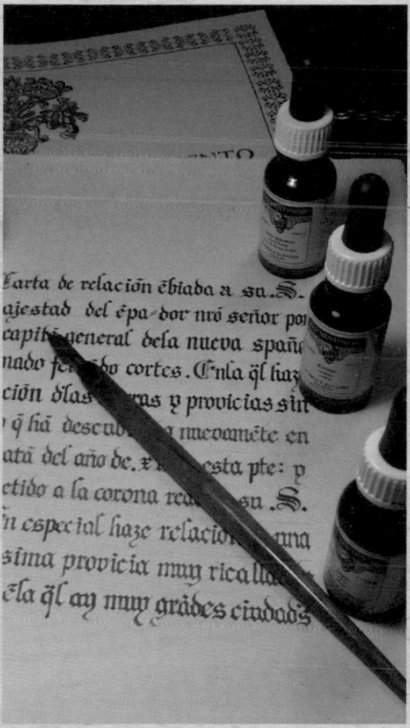

1. 木質沾水筆與作者的歌德體書寫。

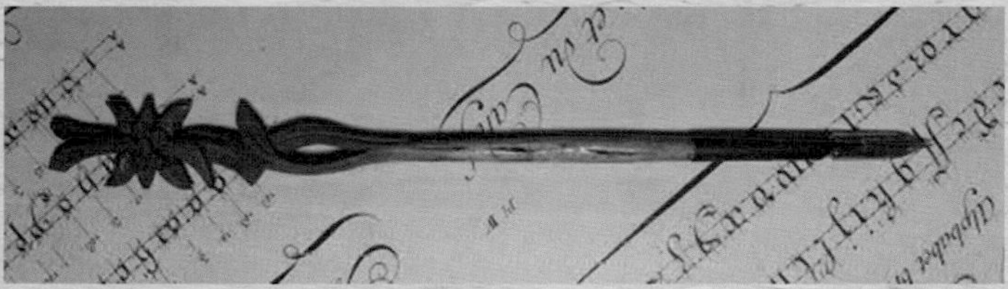

2. 雕花木質沾水筆。

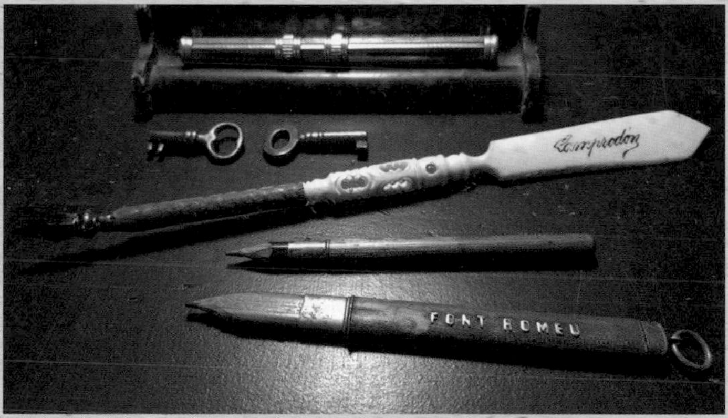

3. 骨質筆桿沾水筆。本圖的前緣是兩支古董鉛筆，中間的就是一支骨質沾水筆，筆桿中的小玻璃珠便是珍貴的縮影石 Stanhope，後方的是一支古董兩用筆。

實完全沒有象牙溫潤細緻的質感，牛骨取得容易，在十九世紀末廿世紀初期這是一種大量生產的沾水筆，通常會在尾端的拆信刀部分印上廣告或是風景名勝的名稱或是影像，這種筆最有價值的部分其實位在一個不起眼的位置上，那就是筆桿的繁複螺紋中，通常都會嵌入一小顆縮影石（Stanhope）（註1），通常這顆像小寶石一般的玻璃珠都不在了，但是不識貨的買家還是會折服于筆桿繁複的雕花而付出過高的價錢購買，這是在選擇骨質沾水筆的時候一定要知道的基本知識。

註 1：Stanhope（縮影石），1857 年由法國人 Ren Dagron 所發明，是一種精巧的光學裝置，可以不需要顯微鏡的幫忙就讓人可以在逆光的情況下，觀察到微視的影像，縮影石後來也被引用到骨質沾水筆的製作上，通常會在縮影石上放上聖人或是風景影像並將之嵌入筆桿中，只要將筆桿舉至逆光位置，便可以看到石中的影像 ，是這一類沾水筆最吸引人的地方，一般也是評斷其價值的標準之一。

至於銀製沾水筆（圖4），通常都是客製化的高價工藝品，但是因為做工的方式、材質的純度、品相的完整等等因素，使得這一類沾水筆的選擇標準變得十分複雜，其實此類的精品級沾水筆，通常都是整組打造的，比如我在市集當中遇到的這一盒（圖5），這是一個包含沾水筆、拆信刀、修正刀（註2）、封印、墨水罐、灰罐（註3）的完整書寫盒，屬於十九世紀上流社會的精品，瞭解了這個組合的存在，我們也就頓時明瞭，這些攤在零售的展示盒中的銀製沾水筆，其實可能都是被拆開來賣的，有的可能是因為原裝已經損毀，或是其他物件已遺失不成對，總之，銀製筆的種類繁多，我只對這個市集的物件簡單介紹，但是請注意，圖中的羽毛型純銀沾水筆，基本上已經算得上是頂級的沾水筆，市面上搶手且價位居高不下，可想而知圖中的這一盒的要價也是令人倒吸一口冷氣的高。

除了沾水筆，筆頭、墨水瓶、墨水檯等等，其實也都是我在市集中目光搜尋的焦點，筆頭其實也難找，在古董商眼中這也算是一種難賣利潤又少的東西，墨水瓶偶爾會見到，墨水檯就可遇不可求了，比如我就在市集上看到了這一個超大盤的古董墨水檯（圖6），這類物品就不像是沾水筆想找就有的，這個三、四零年代的古董墨水檯粗重無比，雖然價錢便宜，但重量驚人，被我忍痛捨棄，但是另外一個法國製的精巧墨水檯（圖7），它的輕巧精美以及平實的價位，全都成為讓人無法抗拒的優點，當然也就成為我的藏品（後來我的一位西班牙金工師傅一眼就認定這是一個十九世紀晚期的物件，由於他的家族金工背景，我也就這麼信了）。

4. 銀製沾水筆與外出攜帶型墨水罐。

7. 聖母瑪麗亞聖像墨水檯，玻璃墨水盂完整，是值得收藏的指標。

註 2：修正刀，古代修正錯別字的方式是以修正刀將錯誤部分小心刮去，再將正確的文字補上，修正刀的功用在此。

墨水檯是書桌的靈魂，有筆無墨萬萬不能，它是書桌上文事的重心，同時也是目光的焦點，若說整個書房的氣質由書桌決定，那書桌的面貌則肯定是取決於墨水檯的姿態了。我一直認為現代書寫工具的出現並不能夠跟墨水檯的消失劃上等號，讓墨水檯離開書房的，其實是書寫藝術的消失，不需要琢磨筆墨的人是不需要筆墨相伴的，而不需要閱讀的人也當然就視書房為多餘了，在書房近乎絕跡的現代生活空間裡，絕對沒有墨水檯容身之處。

然而對於需要時時磨鍊筆順的書寫同好來說，墨水檯是一個終極的物件，購入一個墨水檯並將它慎重地放置在書桌上，這將是一件有如宣誓入會的神聖儀式，它的象徵意義遠遠超過實際，當然這個物件的美麗與歷史況味，正是我輩朝暮尋覓的那一抹書寫的溫度最具體而微的體現。

在這個古董市集當中，見到的有關書寫、印刷、閱讀等等相關資料與物件為數眾多，而在歐洲的許多類似的市集裡也可以輕易的找到相關的老件甚至古物，在獵奇之前做足功課是必要的，以上提供的簡短資訊多少可以讓同好免去吃虧上當的霉運。

6. 古董商手上的大型墨水檯，大氣穩重，適合男性的書房。

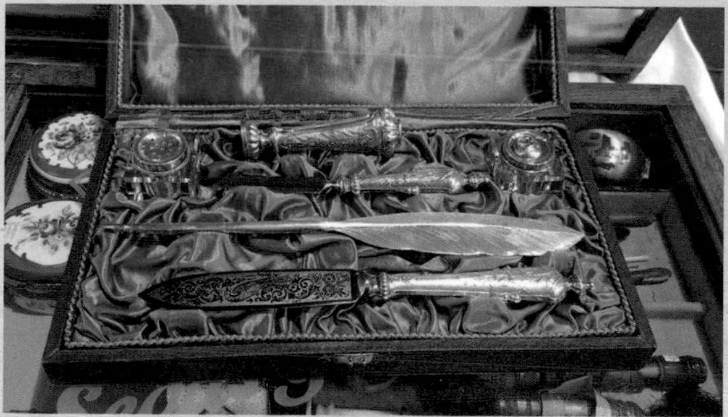

5. 古典書寫盒，十九世紀末的古物，銀製的羽毛沾水筆是價值最高的物品，至於左上角的灰罐則是年代古老的證明。

註 3：灰罐，古代將紙面書寫後未乾的墨汁快速乾燥的方式，是在紙上撒上些許的粉末（古方是海螵蛸磨成的粉）將墨汁收乾，因此會需要一個裝粉的粉罐，不知者通常都會將這個稀罕的物件當作胡椒罐，而忽略了它的重要時代意義，灰罐的存在，證明了你擁有的物件時代的古老。

11. 古書店裡，放滿了各色的古書，也有為數不少的老文具。

古書店

古書店其實主要是以販賣古董書和二手書為主，在巴賽隆納城的舊城區還零星散佈著許多的古書店，運氣好的話，在裡面可以找到許多跟書寫和閱讀相關的物件，古老的文具卡片之類的也不難找到，我在大教堂後的古老巷道裡找到了一間十分有趣的古書店 Llibreria Selvaggio（圖 8），裡面擺滿了除了古書之外的許多玲瑯滿目的老文具（圖 9、10）。

七十多歲的老闆費南多 Fernando 是店裡面的煙囪，整天刁著一支雪茄四處噴氣，我 2013 年到訪巴賽隆納時跟他交上了朋友，他是個臉很臭但是心地很爽朗的老先生，費南多在六〇年代便開始書報攤的生意，一直到 1974 年買下了這間屋齡超過三百年的古屋，屋子的前身是一間打鐵鋪，古屋的地下室還有儲煤的空間跟運煤的管道，目前則是古書店的檔案室，大教堂前的古董商都尊稱費老為活動博物館，他其實是一個深不可測的人物（註 4）。

註 4：書店的名字 Selvaggio 其實是費老的姓氏，一個義大利的姓，Selvaggio 家族在十九世紀中離開故鄉拿坡里，在馬賽地區靠著畫看板的工作生活，世紀末來到巴賽隆納定居，家族的工作一直都跟文藝有著密切的關連，費老本身也跟巴賽隆納的現代藝術家有著或多或少的交情，是個廿世紀巴城藝術史的見證者。

古書店中充滿了各個年代的古老書籍（圖11），在入口處就陳列了一架老沾水筆跟絕版的老筆頭（圖12），根據我的了解，這些東西其實已經不多，但是買的人更少，畢竟這個大家都在敲鍵盤的年頭，實在是沒什麼再會對這些老東西有興趣，費老領著我下去到地下室參觀，滿滿一個空間的古版畫跟舊紙頭，看得我下巴都快掉下來，我挑了幾張杜雷 Gustave Doré 繪製的唐吉軻德插圖版畫，順便問他店裡是不是還藏有一些特殊的沾水筆頭，費老露出了一抹神祕的笑容便鑽到櫃子的最下方，撈出了一個鐵盒，裡面裝了好幾盒古董沾水筆頭，原廠的盒子，原廠的筆頭，我感覺像是找到了新大陸一般的喜悅（圖13）。

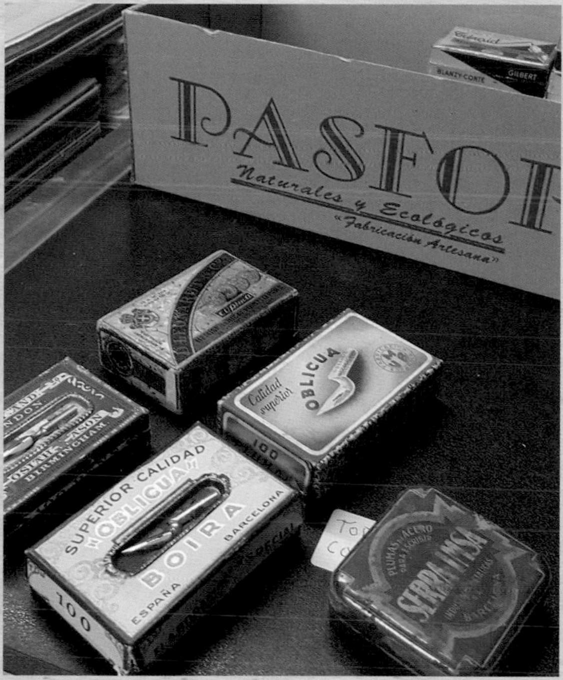

13. 各式筆頭盒子。

9. 老文具，古董鉛筆，下面還有幾枚袁大頭噢！

10. 櫥窗裡的一盒鉛鑄字母。

12. 入口處陳列的老沾水筆跟筆頭，十分吸引人。

8. Llibreria Selvaggio. 地址 — Freneria 12, Barcelona 08002. 就位在大教堂正後方的老街區。

其中最引人注意的是這些古董盒子的做工實在是驚人的仔細，比如圖中（圖14）這個Perry and co.的盒子，在盒子的外殼上還嵌了一個小框，小框中鋼好足夠放置一枚筆頭，這種古典細緻已經不存在再現代物件的設計中，同樣吸引人的是筆頭造型的設計（圖15），這一款筆頭我在三年前便在收藏的一支老筆上見到，當時便驚艷於它簡潔利落又高雅的造型，如今沒想到可以在費老的這個老店裡翻到，實在是一切都恰如其分的美好。

費老在幾個訪問中都提到，它擁有的是一間舊紙鋪而不僅僅是一間古書店，這是一個精辟的說法，因為我仔細的回想過我在巴城逛過的古書店，大概只有費老的最複合式，賣這麼多的文具以及老紙頭，古書的裝飾配件，老書桌的小鎖頭、古地圖、古服裝畫等等，許多可以將書房裝點得更古典文氣的物件大概這裡都倒得到，大概也算是我夜裡夢遊到訪次數最多的地方了吧！

這兩處位在大教堂前後的有趣所在，算是我在巴賽隆納最喜愛的尋寶去處之二，我對於古典書寫器具的喜好，大致上可以在這些小店跟攤位上得到滿足，但不要忘了，不斷的探索以及詢問，常常會是這個過程中最令人回味的，你除了找到美麗的藏品，增長了奇異的知識，往往還獲得了溫暖的友誼。

14. perry and co. 筆頭盒。

15 .Perry and co. 筆頭。

王傑老師與費老的合照。

王傑小檔案

基隆七堵人，巴塞隆納大學美術博士，專業畫家。堅持放慢速度生活，雙手不僅畫畫創作寫文，還不時燒出一桌好菜：有父親的山東味、母親的台南菜、也有自己思念的西班牙料理。他不是關在創作象牙中的藝術家，而是常常走上街為土生土長的家鄉做點什麼、說點什麼的熱血青年。

「王傑的繪畫天堂」（網站與粉絲團同名）

http://chieh-wang.blogspot.tw

http://www.facebook.com/barcinochieh

holic

紙物迷戀

文字・攝影 by 黑女

Paper

不知從何時開始，收集紙張成為一種改不掉的習慣。無論紙張的規格大小，就算僅是一張傳單，也能讀得津津有味，旅行時總是帶著 A4 檔案夾，收納各種 DM、說明書、餐巾紙……，作為人類文明主要的傳遞物，紙張於我而言總是難以捨棄，漸漸囤積。

說來紙物病恐怕是從 Tools 開始的。無論在新宿或梅田，Tools 整櫃的紙張總是讓人流連忘返。而直到去年手紙社來台開設 Pop-up shop，紙物病的病情才真正大爆發。和台灣文具店販售的雲龍、粉彩等等美術紙不同，被稱為「Print Paper」的紙張，各種厚薄花色，大多是單面上光的模造紙或牛皮紙、和紙，繼紙膠帶病後，對於 Print Paper 的執念亦是一去不復返。

【紙物】

手紙舍

來自東京調布的手紙社，是一組店鋪營運、企劃、出版一手包辦的設計團隊，每年在東京、大阪舉行的大型市集「東京蚤之市」以及「關西蚤之市」便是由手紙社主辦，而販售手紙社企劃商品的商店名稱，就是「手紙舍」。「手紙」是日文「信件」的意思，然而它們最令人喜愛的製作物，也正如字面上看來，就是紙張、便箋、甚至活版印刷杯墊等等手中的紙物。

比如，來自柴田**Keiko**的內褲熊和水豚插畫A4紙。柴田**Keiko**出身高知，插畫有種說不出的幽默感，作品遍及廣告、書籍和雜誌插畫等，能收藏她的紙張創作，除了手紙舍也就只有在官網線上商店「柴田商店」了。山本惠的「有狗的風景」柴犬插畫A4紙共有兩款，自然也是全收。

在翻閱紙張之間，也會漸漸如陷入蜘蛛網般被更多線索及細節擄獲。作品在復古中帶有溫暖感覺的升之內朝子，從一筆箋、杯墊到果物圖案包裝紙，令人聯想到昭和時期的用色，卻以西洋插畫手法呈現，光是在案頭欣賞它們，就已心滿意足。

「はんこの**norio**」來自印章創作者**norio**，她以雕刻膠板為主，但僅接受現場訂製，每個2～4公分見方的印章，會在與訂製者面對面聊天、理解對方的喜好和興趣等等細節後，當場刻製，耗時約2～30分鐘。作品傳達出

喜愛動物的你，不可錯過柴田 Keiko 和山本惠的作品。

復古風的升之內朝子一筆箋、杯墊與果物圖案包裝紙。

的「手作」以及「僅此唯一」的心意，以及雕刻刀特有的略帶粗獷的線條，即使轉印為文具圖案包裝紙，仍然令人過目難忘。

通常在選擇紙張時，會不自覺購入色彩鮮艷的圖案，但西淑的作品又是另一種不忍釋手。表現在版畫和油畫上，纖細的線條、靜謐的氛圍和淡彩用色，成為包裝紙後，極為適合當作書衣或作為筆記本的封面。

所謂「色彩鮮艷的圖案」。松榮舞子的作品，黃色是「春季的香氣」，藍色是「夏季的風」，彷彿超越了紙張本身，可以直接裱框裝飾的華麗圖樣、細節和用色。僅僅如此，便能在A4紙面上呈現季節感，紙張以及印刷的療癒，不言可喻。

norio的文具圖案包裝紙。

松榮舞子的作品，充滿躍動感的色彩。

西淑的作品，淡雅纖細，用來包書氣質滿

aiueo

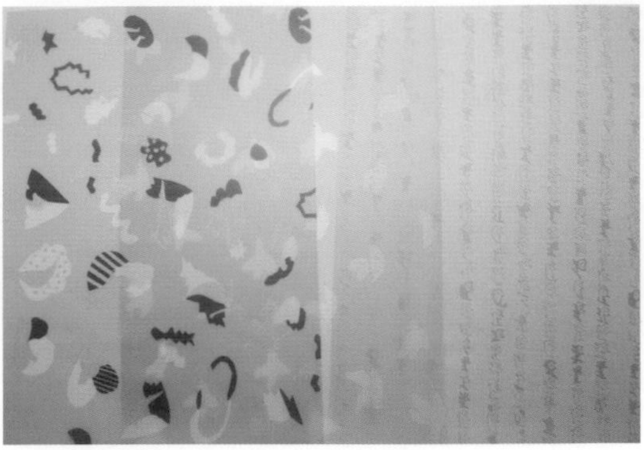

繽紛可愛風格的 aiueo，固定圖案的包裝紙，在台灣的誠品書店以及一分之一工作室等店面也買得到，然而自由挑選紙張的服務，卻只有在日本京都、大阪茶屋町 NU 直營店才能享受到。這令人心蕩神馳的厚磅數彩色描圖紙！無論哪種圖案，包裝時都可愛指數破表。各種紙質、顏色、圖案的紙張任君挑選，偶爾還遇上打折買 5 送 1，唯一的遺憾是同樣直營店限定的方型摺紙經常缺貨。

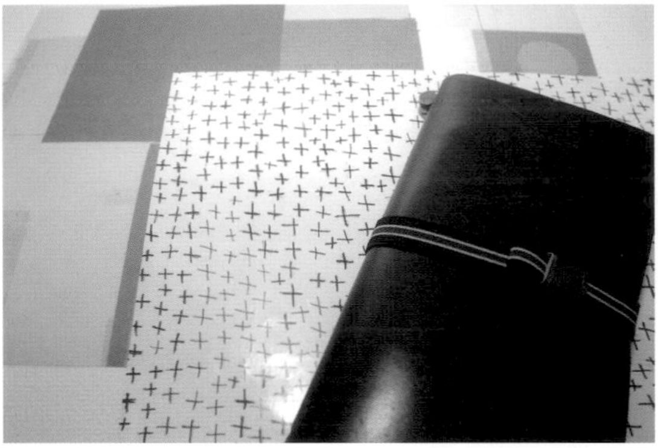

倉敷意匠

倉敷意匠的紙膠帶是最廣為人知的品項，但紙張也非常迷人。佐佐木美穗的「封箱膠帶的拼貼」紙張是 B4 大小，作為包裝紙極為合適，配色也非常絕妙；「PLUS」則是手繪近 4 千個「+」號，兩種紙張的分別在於單／雙面上光，雙面上光的「PLUS」有著極簡的高雅感，禮物包裝最適。

Tools

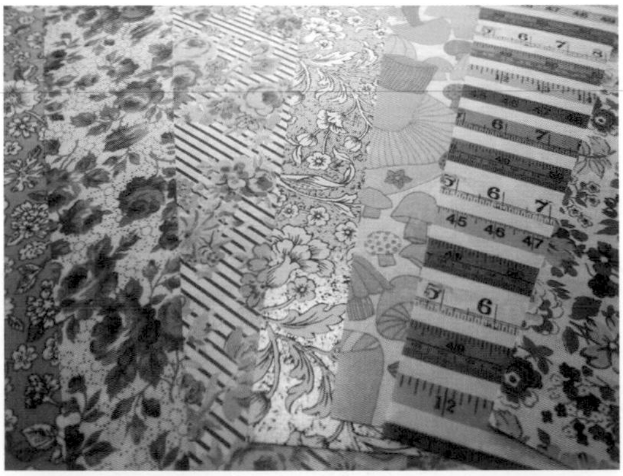

主業是畫材店的 Tools，店如其名從素描插畫漫畫到油畫水彩畫蝶谷巴特，都能找到觸發靈感的畫材，然而文具的選物也深深觸動文具控的心。經常在 Tools 購入的包括印章等等，紙張當然也是採購重點。Tools 的紙張是自家裁切義大利 Carta Varese 等海外進口的包裝紙，以 A4 或一般方型摺紙尺寸販售，紙張的厚薄、印刷截然不同，在紙櫃前翻找也因此產生了發掘寶物般的樂趣。

歐系的碎花、美系的拼貼，紙張的風格迥異，必須在手上沒有購物袋、神清氣爽的第一站就前往，因為紙張花色時常替換，也不無絕版的可能，買的時候經常是多張購入。

36 sublo

凡前往東京必定拜訪的文具店，初開店時比現在位於民宅二樓的位置還要難找，然而迷你的店面，塞滿了文具、紙張、雜貨，總讓我逛到不知今日何日。A4 的包裝紙 pad 一冊有 40 張，是來自設計品牌 fourruof 繪製的文具插畫，有橫長和縱長兩種版面，為應付各種需求，兩種都購入。

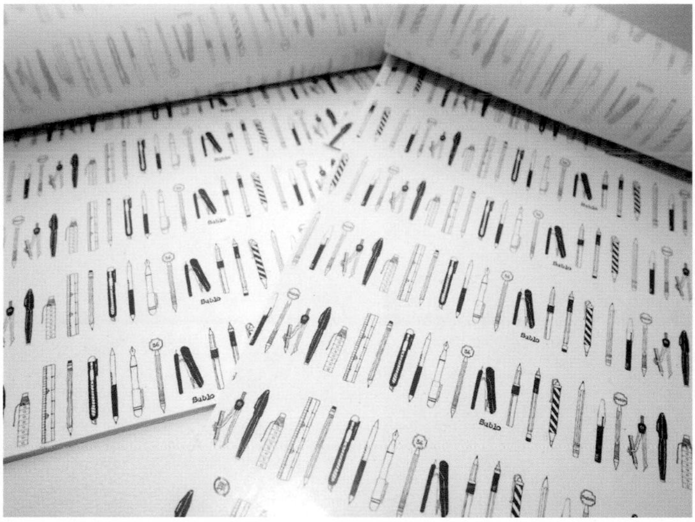

ハチマクラ

雖然從未去過高圓寺的「ハチマクラ（Hachimakura）」本店，友人 P 卻寄來大量紙張，令人感動流淚。ハチマクラ堪稱是紙張控心目中的理想店鋪，古老的木櫃裝著一格又一格各種骨董紙張、包裝紙，店主對於店面風格的解釋是「無法詳細說明方向的紙物店」，完全能夠理解那種「總之就先收起來吧」的紙癖。藍色的天使紙張來自近期當紅、登上多本雜貨誌的 Wiggie Company，喜歡它大膽對比色的和風設計，近期打算大肆購入其他圖樣。

mit 的好紙

來自「吉。」的月球和礦石包裝紙，精美的手繪展現於紙面，無論包裝甚麼都變得氣質滿分。紙物病患者必須一口氣囤三套以上。松菸包裝紙上繪有一到五號倉庫群、巴洛克花園噴水池等松菸園區內的景點，簡單復古風，讓我想起小時候文具店的包裝紙袋。另外是在 Paper Round 購入的包裝紙合同本，包括漫畫家致怡、NIN、恩紙／N'z、雨上がり羊、城井有栖、山透子、Purin（布丁丁）、明二郎、ROOT、狐狐、pani、Rai、靈煮……等多位台灣繪者，B4 尺寸一本才 200 元真的是買到賺到啊啊啊！！！

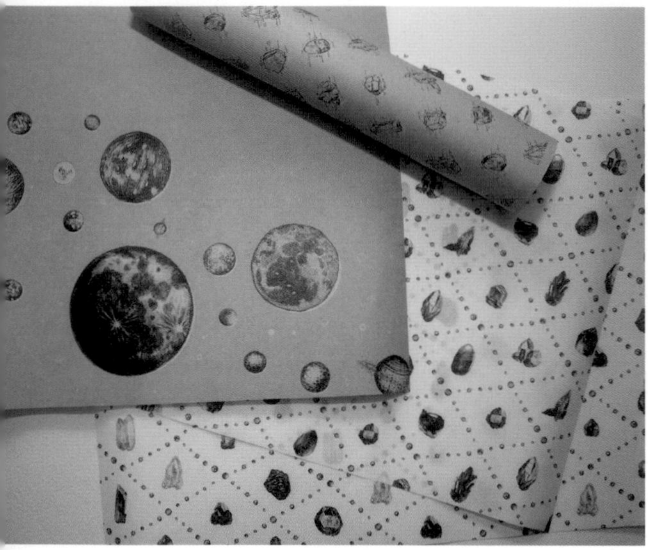

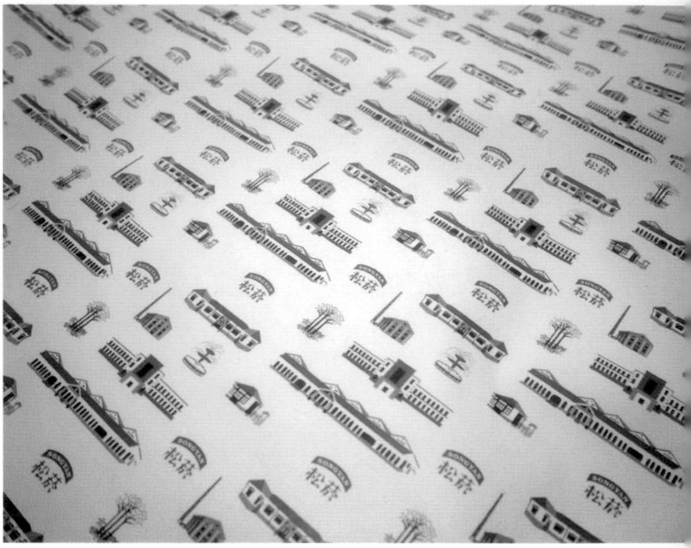

自己作

「好想要這種紙張啊！」但是卻買不到之時，動手做是快速又方便的選擇。雖然印刷和質感無法與專業紙張比擬，卻能做出絕無僅有的自作紙。製作方式也百無禁忌，無論是紙膠帶、手繪或是手刻章，需要量產的話，只要在一般的影印紙上拼貼或蓋印完成後，彩色影印即可，注意彩印會留下白邊，圖案以白底效果較佳。

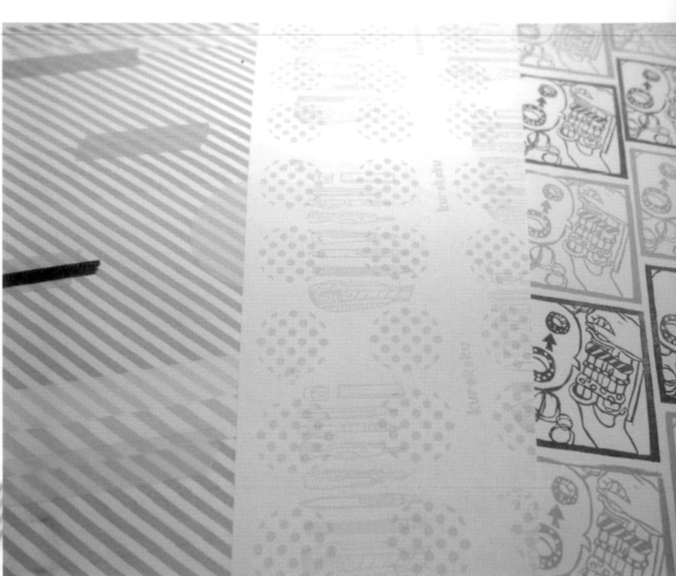

midori Origami 玩色紙

乍看無傷害的摺紙，在 midori 手中就是有辦法變成紙張控生火的燃點。紙物病爆發之時，無論何種花色都想集全套。Origami 玩色紙紙質分為一般紙、牛皮紙和特殊金銀色紙等，依照花色的不同，印刷的方式也會有所不同，比如水彩系列，為了表現筆觸和水彩暈染的效果，特地印刷在非光面的紙背。拼接不同的紙張可以做出大尺寸的包裝紙，也可以摺出蝴蝶結等包裝用的裝飾。

【紙書】

◎《mt100 Writing and Crafting Papers》

紙張和 mt 紙膠帶愛好者不可或缺的「神書」，收入一百張由 mt 花色構成的紙張，正反面皆有印刷，手作、當成信紙使用皆可，唯一缺點是希望尺寸可以再大一點。

◎《FLOW BOOK FOR PAPER LOVERS》

荷蘭手作誌「FLOW」的特別號，不定期刊行，每本厚達 300 頁，邀請歐美、亞洲的插畫家進行創作，內容包含小卡、貼紙、著色畫、明信片、紙娃娃和紙張素材等，宛如一整本的紙張福袋。

◎《かわいい紙もの手帖》（可愛紙物手帖）

根本真路設計，PIE International 出版。

以 DM、海報及名片等製作物，說明紙張種類及印刷產生的不同風情，紙張尺寸、種類表以及印刷用語相當實用，另外更附上精選的書中實例「復刻」在卷末，可以實際觸摸、感覺紙張的材質和印刷顏色，對於紙張控來說是百讀不厭的有趣書籍。

【紙作】

就和「紙膠帶控FAQ」第一名的問題相同，相信也有人正在問：「買那麼多紙張要做什麼？」吧。就像知名電影中的台詞一樣啊！「生命自會找到出路」。還有甚麼不能用紙做的嗎？

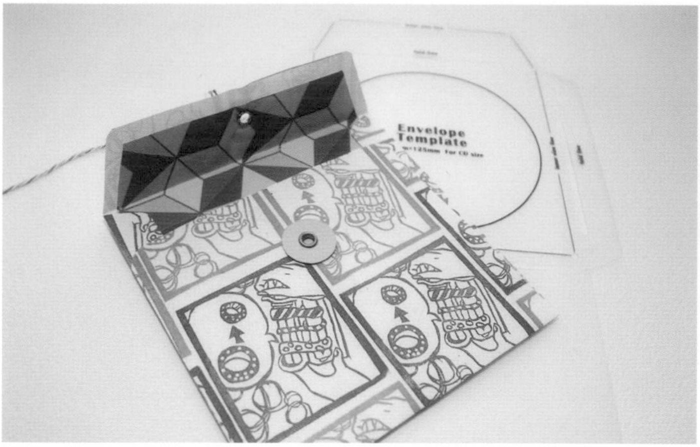

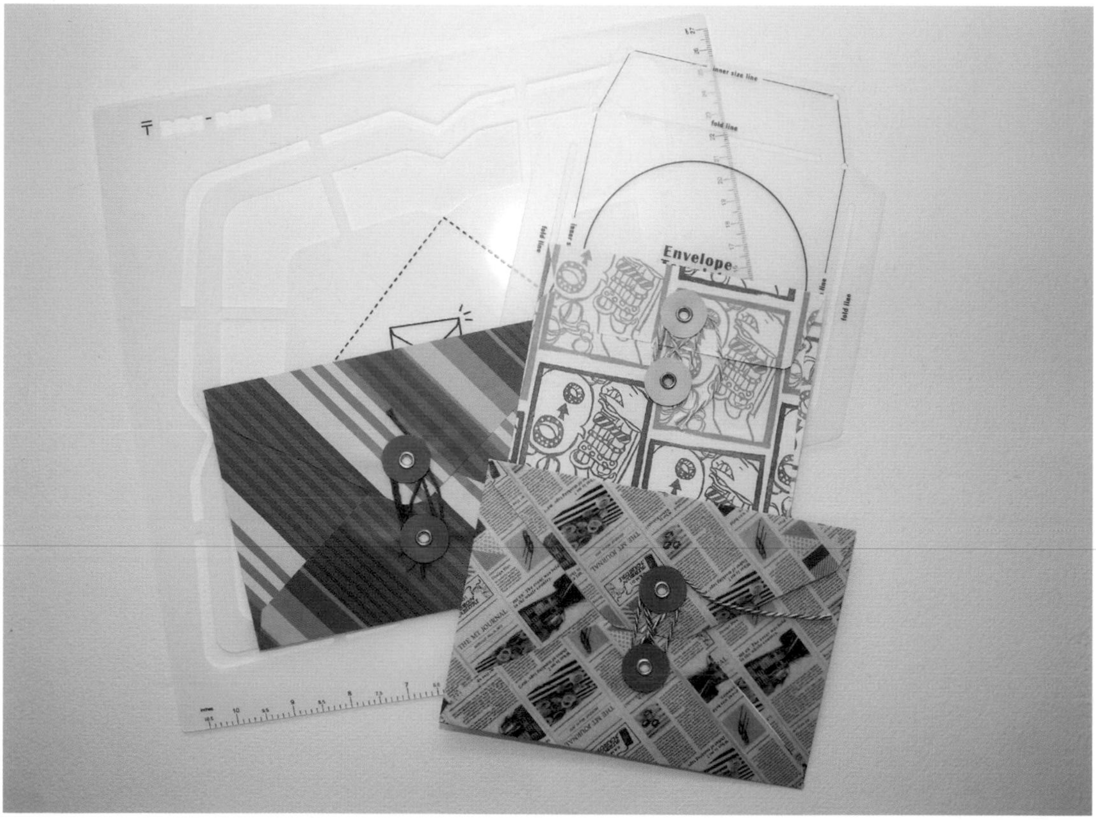

信封

使用工具是吳竹的「信封型板」和Vision Quest的「手作CD袋型板」。吳竹的「信封型板」有和式（直）和洋式（橫）兩種，都適合使用在A4的紙張上。Vision Quest的「手作CD袋型板」不僅可以製作外袋，還可以製作尺寸相符的內襯，搭配色紙、雞眼釦和棉繩，就可以作出豪華版的CD紙袋。

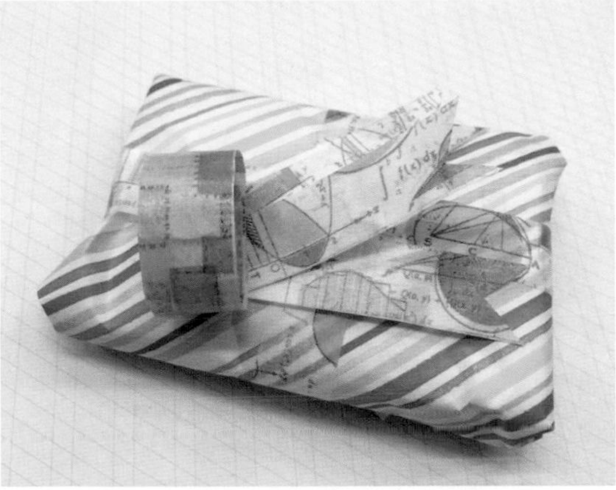

禮物包裝

辦公室中常備的包裝好朋友是 Midori 的 Origami 玩色紙，臨時有些小禮物需要包裝，Origami 玩色紙加上紙膠帶幾乎都能搞定。這一日包裝的是送給友人的單包裝泡泡面膜，Origami 與當成緞帶的菊水和 mt 紙膠帶，火速便可完成。

書衣

與工作用手帳分開的 B6 大小記帳本，通常都購買台灣品牌 100 元以內的兩面一周形式，這個價位除了紙質之外也就別無講究，因此封面還是自己動手做包上書衣，才能提起一年的幹勁。2015 年書衣是北韓手繪海報展的傳單，2016 年書衣則來自包裝紙合同本，製作的時候是隆冬，有種銀白世界的感覺。

A6、也就是文庫本大小的書或筆記本，使用一張 A4 紙製作書衣正好，書本置中、上下和左右分別摺起，就能完成簡易書衣。

About 黑女

深知不可將興趣變成工作，因此文具始終只是閒暇之餘的遊趣，
可以三餐吃泡麵但不能不買文具。
關鍵字是紙膠帶／筆記具／手帳，近期沉迷於刻章。
真實身分是專業菇農。
FB：BLACK DIARY
Blog：http://lagerfeld.pixnet.net/blog

L!FE
L!FE N11
4 990168 050428

書寫的溫度

PART 01

重回手寫的初心，享受運筆流暢的美好！

PART 02

自在享受墨韻之美！

PART 01

重回手寫的初心，享受運筆流暢的美好！

採訪 ・ 攝影 by 陳心怡
部分照片由受訪者提供

About 陳心怡

曾是政治新聞記者與編輯，但無法滿足嗜讀與撰文的飢渴，
所以決定離開舒適圈，只跟喜歡的人事物在一起，
用文字、用影像娓娓道來一個個小故事。

FB：陳心怡的小書房
部落格：http://blog.udn.com/witchirene/article

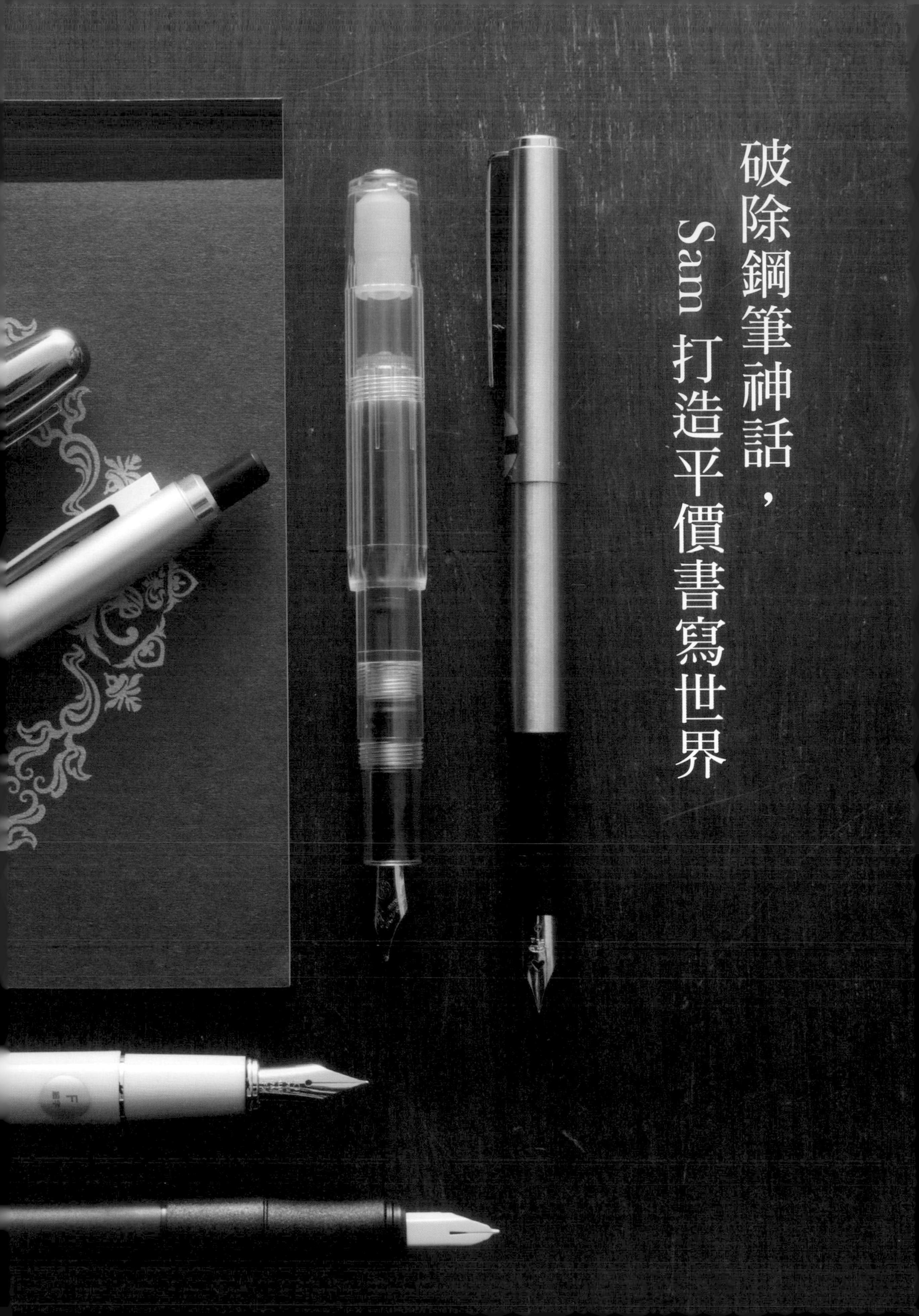

破除鋼筆神話，Sam 打造平價書寫世界

對已經在使用鋼筆的人提及「鋼筆工作室」，幾乎無人不知、無人不曉：傳統通路對他的另類行銷策略，可能氣得牙癢癢；喜歡論戰的人，對他不疾不徐知無不言的立場會吹鬍子瞪眼；需要以筆墨為業的書寫或者繪畫藝術工作者，則對他崇敬有加；也想加入通路或者設計製筆的後進，對他的大器提攜充滿感謝。

這樣形容，儼然把鋼筆工作室形塑成鋼筆界大神。不是故意這麼吹捧他，而是鋼筆工作室的老闆 Sam 實在是個怪咖。蓄有小鬍子加上斯文外型，侃侃而談的 Sam 有種老派的知識分子的氣質，有點左、有點不羈，粉絲團上不乏小女生直接留言說：「到店面時，就想一睹 Sam 的風采，沒看到很失望。」不過，Sam 可是個愛家顧妻疼子的大叔，我們採訪到一半，他還喊卡，要趕緊去學校幫小孩送便當。

不像鋼筆店的鋼筆店

採訪Sam之前，我曾路過鋼筆工作室；是路過沒錯，因為最後沒踏進去。從外觀看，不太理解北市精華的東區巷弄裡怎會有這種不太起眼的樸實鋼筆店？跟一般美輪美奐的精筆店太不一樣，反讓我有種「下次確定想買筆再來吧」的感覺。

當我把這錯過的緣分告訴Sam時，不僅被他嘲笑，同時像我這種一般消費者的心情，也正是激起他開店的目的。「你不用來跟我買東西，我努力做的是把鋼筆店平民化，一般人都會覺得鋼筆店高高在上，但我想問的是：到底鋼筆店有什麼了不起？為何會讓人駐足店門外，卻不進來玩一下？你去金石堂或者誠品會這樣嗎？你會想進去逛逛，即使不花錢也理所當然，但鋼筆店怎就給人這種印象？」

經營筆店之前，Sam賣的是保養品，別看兩種產品八竿子打不著，但某程度上，都算精品，對Sam來說，行銷通路不是問題，但讓Sam不解的是，為何幾千元的保養品都有試用包，而動輒數千乃至數萬元的鋼筆卻不能試寫？「這產業有太多不合理的地方。」

Sam說，台灣人會把鋼筆等同於精筆，鋼筆店就是精筆店，不是文具店，這不是正常的狀態，是我們把鋼筆過於神話，日本文具第一大品牌百樂（PILOT）推出的微笑鋼筆，一枝台幣定價三百八十元，直接放進文具店販賣，「誰說鋼筆不能在文具店裡出現？不管是微笑鋼筆、還是歐美價位低階鋼筆，都是針對小孩與學生，誰說鋼筆一定要那麼貴，讓學生買不起？」

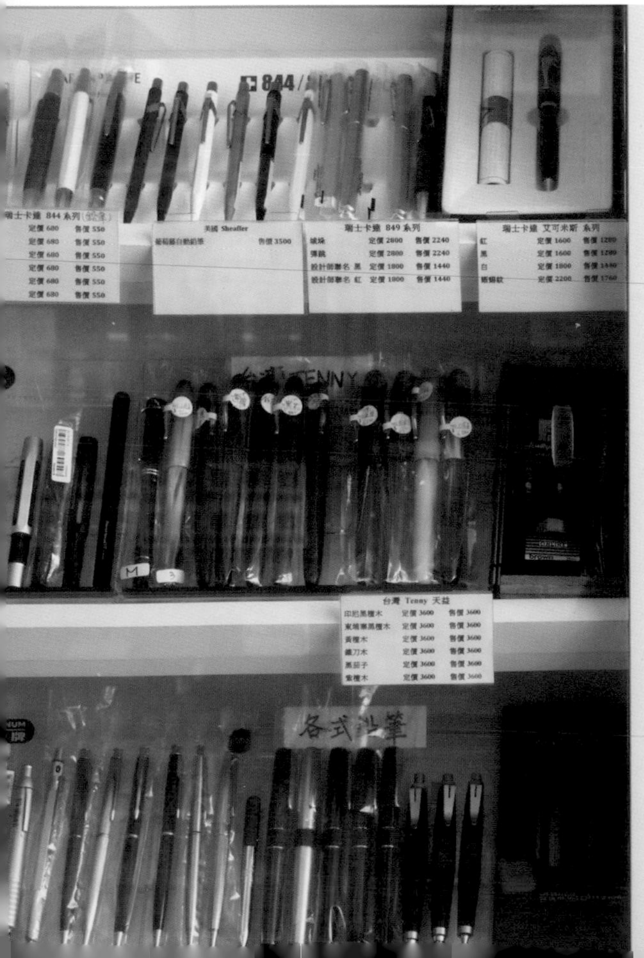

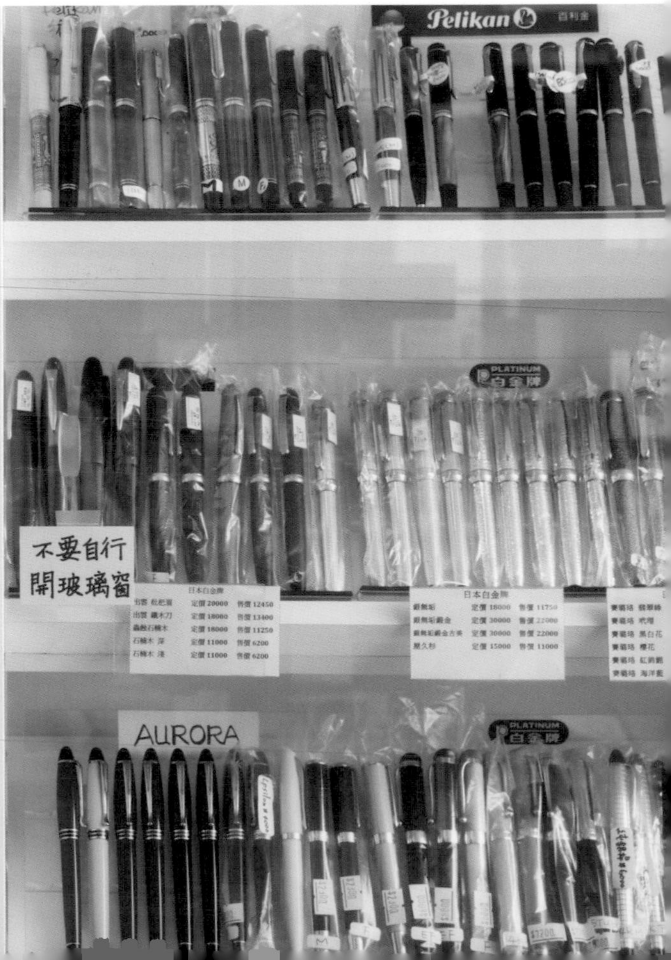

為了營造全民書寫風潮，Sam不僅把自己的鋼筆店面弄得很「文具化」：除了品牌眾多的平價鋼筆，還有各種紙、墨水、文具等等，地上也整整齊齊排好一箱箱的商品。走進鋼筆工作室，真的有種百元有找的雜貨舖味道，「開一家不像鋼筆店的鋼筆店，是我的目標。」

自2012年12月起，鋼筆工作室持續辦了一個很特別的活動：「你寫完一管吸墨器，我送你一支鋼筆。」平均來說，一管吸墨器要寫完，最少要四個小時，一天兩個名額，三年多下來，Sam因活動送出的鋼筆至少也有六百枝以上。對他來說，這些參加活動的人就是有效的鋼筆使用者，活動一直在持續，對他想要推廣的書寫風潮就是一株不斷在風中飄散的蒲公英絨球，隨時都在播種，隨時都有機會落地、發芽、開出成片花朵。

寫鋼筆，字就會好看？

之所以力倡平民化鋼筆書寫，是因為Sam在探索鋼筆路上也付出了昂貴的學費。一開始，他跟一般人一樣，以為練鋼筆、字就會好看，所以都會把字寫不好歸咎自己，結果Sam很認真寫了一段時間後，發現字也沒怎進步，於是再去鋼筆店詢問，這時店家通常就會好心建議：「你選錯了鋼筆，某某牌會更適合……」既然老闆說了，Sam就乖乖照做，不過他不像一般人頂多換個三、五枝，個性刁鑽又非得找到原因的Sam，一換就是三十、五十枝筆，最後他終於在昂貴的投資實驗中得到結論：「沒這回事！鋼筆讓你字好看，這不過是種商業話術而已。」

後來Sam請益布衣老師鄭文彬後才明白字好看不好看跟拿筆姿勢有關，Sam於是不斷用網路論壇與實體店家跟消費者建立一個觀念：「寫字跟運動一樣，比方打籃球，我們會強調姿勢，打不好，我們也不會叫你換個斯伯汀籃球就會百發百中，寫字當然也需要調整，而不是換筆就可以讓你的字突飛猛進。」

但是，比起籃球運動，寫字的姿勢卻不易被重視，為什麼？根據Sam的分析，台灣的識字率很高，幾乎人人都會寫，寫字也就不值錢了，再者，寫那麼好要幹嘛？不像古代得憑著一手好字中舉出人頭地，寫再好，頂多只是興趣，況且很多人已經不寫字了，現在大家比的是用什麼款式的手機功能更快更好。不過，台灣目前書寫人口有持續回流增加趨勢，同是中文系統的中國，近年來寫字風潮如火如荼蔓延，從鋼筆都毛筆都有，連曾被他們捨棄的繁體字，如今也被視為珍貴的文化資產，重新拾回。

對Sam來說，買鋼筆是為了要寫字（不是為收藏），開店是為了推廣書寫字的樂趣，「人人有鋼筆、人人寫鋼筆」是熟悉Sam的人都知道他打出的口號。寫字會讓人進入一種神定狀態，投入的過程會很愉悅，這樣就會讓心靈到達另一種層次，很多心煩意亂的雜事也為跟著沉澱下來，不知不覺在筆畫之間被梳理了。

為了讓大家透過書寫來穩定身心，Sam除了在實體店面與客人交流外，他在臉書上經營多年的「北筆會」，也是一座靜心的小空間，每晚八、九點以後，臉友就會陸續上傳作品，彷彿在同一時間裡，你會與來自四面八方的同好連線，彼此陪伴而不覺孤獨。通常Sam都會幫社員按讚打氣，不管你是剛加入的社員或者已是老鳥，「我按讚，不是因為字好看與否，而是你做了這件事。」

新一波革命，鋼筆產業重整版圖

鋼筆是源於西方的書寫工具，大部份知名品牌都是百年大廠，換言之，「百年」在鋼筆界裡，也不是個太嚴苛的門檻。二戰前，還沒有特別知名的品牌席捲全球，戰後美國勢力壯大，派克、西華一如惠而浦、奇異、西屋等工業科技，隨著美國腳步踏上全球市場，當時，派克就囊括了全球一半的市占率；而戰敗國日本、德國得花上更多時間修復國力，才逐漸迎頭趕上鋼筆的金字塔尖端，萬寶龍成為鋼筆界的一哥，也不過是近二十年來的事。

Sam說，若要評比鋼筆各家品牌優劣，實無意義，因為幾乎都是成熟商品，頂多是西方字體或者東方漢字的書寫需求有些微差異，西方人高馬大、手大、筆也要大，日本品牌寫繁複的漢字就比較適合。他又以五十年前的萬寶龍與Lamy為例，他說這兩個品牌當時等級差不了太多，只是後來一個決定走精品、一個決定打下普羅市場，因而產生了不同的價值。

在Sam的眼中，鋼筆構造並不複雜，很多部件徒手就可以拆卸，連自動鉛筆的零件都比鋼筆多，Sam還自己錄了影片，把鋼筆大卸八塊的過程公布在youtube分享，他的用意要讓消費者了解鋼筆不是多麼複雜深奧的筆工具，別以為貴就是好寫；不過吸墨器、上墨方式等精密度的確攸關出墨量能否平均、不斷水、不漏水，價格主要是反應鋼筆背後研發的時間價值與細節。

除了上述提到的百樂微笑鋼筆，目前台灣也有不少自製鋼筆品牌，這都要拜長期為國際品牌代工之賜，讓台灣的鋼筆產業還算有完整的產業鏈，目前只欠缺自製筆尖技術，但都無礙台灣品牌打入國際市場。我們這次採訪的「天益」Tenny鋼筆是一個，三文堂、尚羽堂、老山羊、Laban、SKB都是，其中Sam還極度看好三文堂研發出的活塞上墨系統力拚德國的百利金，「百利金一枝要四千，三文堂一千元不到。」

鋼筆，似乎有那麼一點像是從皇宮逐步走入民間的味道。若回歸到書寫本身，的確是人該駕馭筆具，而非被筆具過度包裝的外型牽著走，而這波重整鋼筆版圖的潮流，與其說是否定鋼筆工藝，不如視為是從精筆延伸到文具，讓鋼筆有更多元的存在的可能性。就像Sam一直在實驗著一家鋼筆店的可能性：他帶出的試寫風格，驅使其他的精筆通路也開始提供試寫筆；他結合全台十五家鋼筆店提供友善的服務，希望最後每個縣市都至少有一家店結盟，一起讓「鋼筆文具店」遍地開花，養成全民書寫的習慣。

Sam的鋼筆工作室不只是賣筆的店，更像是「鋼筆的社會主義者」。誰說大眾只能用廉價原子筆？

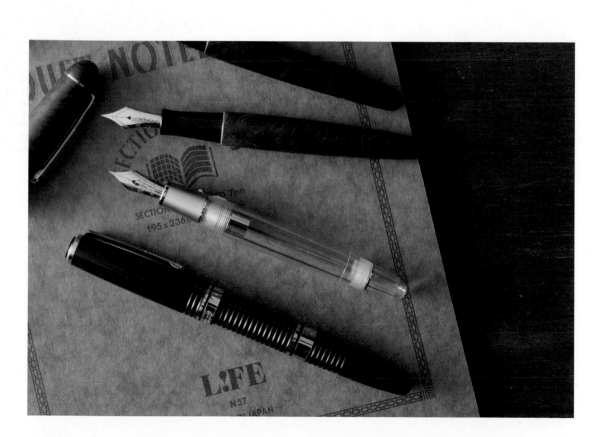

可用.堪用.好用
的意義在創造
思.救天下.
一個不像鋼筆店
筆店的樣子.
筆盤.吵鬧環境
櫃檯.品牌LOGO.
跟相關.沒文化?
非典型墨水櫃

Sam 給入門新手的建議

一、沒有新手推薦款。

你如果要慢跑，會需要一雙鞋子，你去球鞋店，可以選擇一雙五千九或者一千九；同樣地，如果你問我第一次要買什麼鋼筆？我會留給你自己決定。寫字世界絕對主觀，我覺得好用的鋼筆，你不見得覺得好用，不像原子筆誰來用都一樣，只要能出水，直拿橫拿都沒有差別。鋼筆不一樣，在不同人的手上效果就是不同。

二、你可以用自己的預算來篩選鋼筆。

我現在店裡有依價格帶區分的鋼筆，標示清楚，一目了然，你可以依照自己預算來試寫選擇。希望未來消費者進入鋼筆店時都能說出自己預算，這是其他文具陳設的邏輯，為何鋼筆不能這樣做？鋼筆在往平價化走，這樣的陳列方式就有它的必要性。

三、找一家可以試寫的通路。

傳統鋼筆店沒有提供試寫筆，我店裡有七、八十枝筆款可以讓消費者試寫。我會這樣規劃是因為對於不了解鋼筆是什麼的消費者，卻要別人推薦，這邏輯不對。你試寫後挑出一枝筆，也許不是最好的選擇，但至少有基礎。我可不是神經病，其他鋼筆產業國家的通路都有這種服務，台灣一定也要有。

從書寫到公益，顏立中帶著旅鼠一起跳！

臉書的社團經營向來被認為難以為繼，除了功能性不如其他論壇或PTT，再者，臉書的社交氛圍遠遠大過深入討論，因此很少聽到有什麼社團在此壯大；但是「鋼筆旅鼠本部連」（以下簡稱「鼠團」）就是個異數，而且成長速度令人驚恐。用「驚恐」來形容鼠團會員人數暴增並不誇張，2015年10月約訪負責人顏立中（顏筆傾）時，人數才剛破五萬，過了三個月，我們準備截稿，再上去社團晃晃……蛤？破九萬了！也就是說，平均一個月增加一萬三千人、一天至少增加四百人以上，這跟顏立中的「保守估算」一天至少有一百多人要求入團的人數相去甚遠。

究竟是顏立中謙虛了？還是鼠團失控了？

根據維基百科解釋：「旅鼠的特點是繁殖速度極快，妊娠期20至22天，且不冬眠，終年可生殖，一年能生7至8次，每次可生12子；小旅鼠出生後14至30天後便可交配，使族群數量一年內可增加十倍以上。」看來，鼠團的鼠友們的確來勢洶洶。

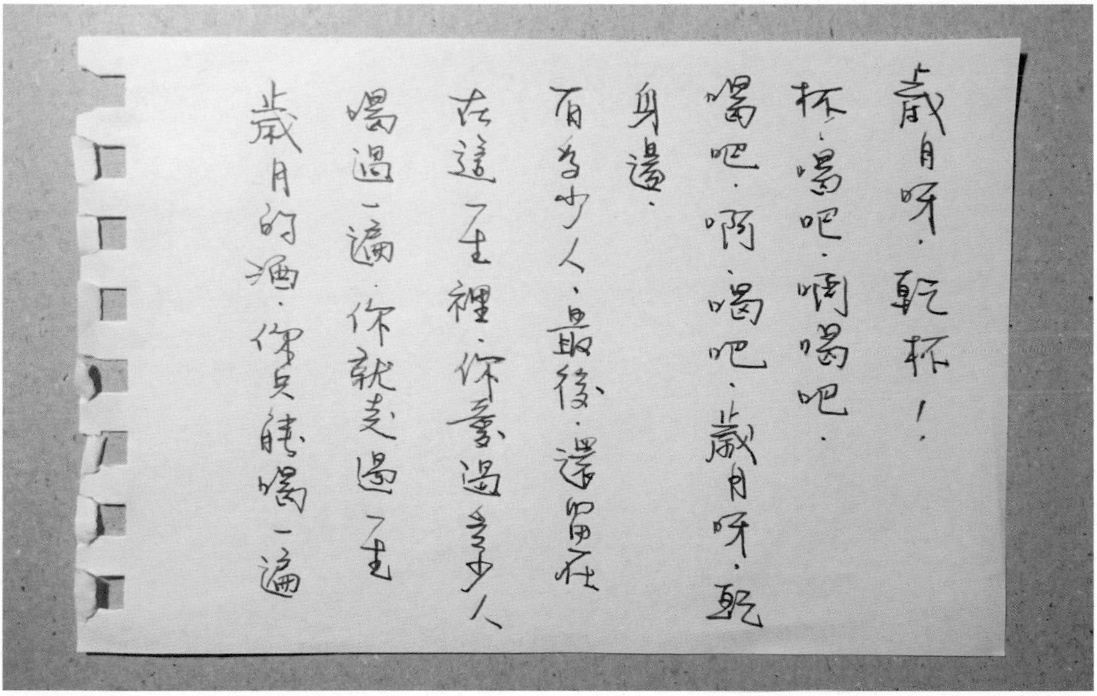

為何叫「鋼筆旅鼠本部連」？

顏立中為社團取名「旅鼠」，是取自「旅鼠效應」，一群旅鼠在一起，你跳我也跳，他希望鋼筆族群就是這樣跳耀玩樂在一起；至於連，軍中一連約莫百位士兵，他原本只希望社團人數一百名就好，而且名字取得愈壯大、陣亡愈快，無意中，「連」成了鼠團人數逆轉的關鍵。

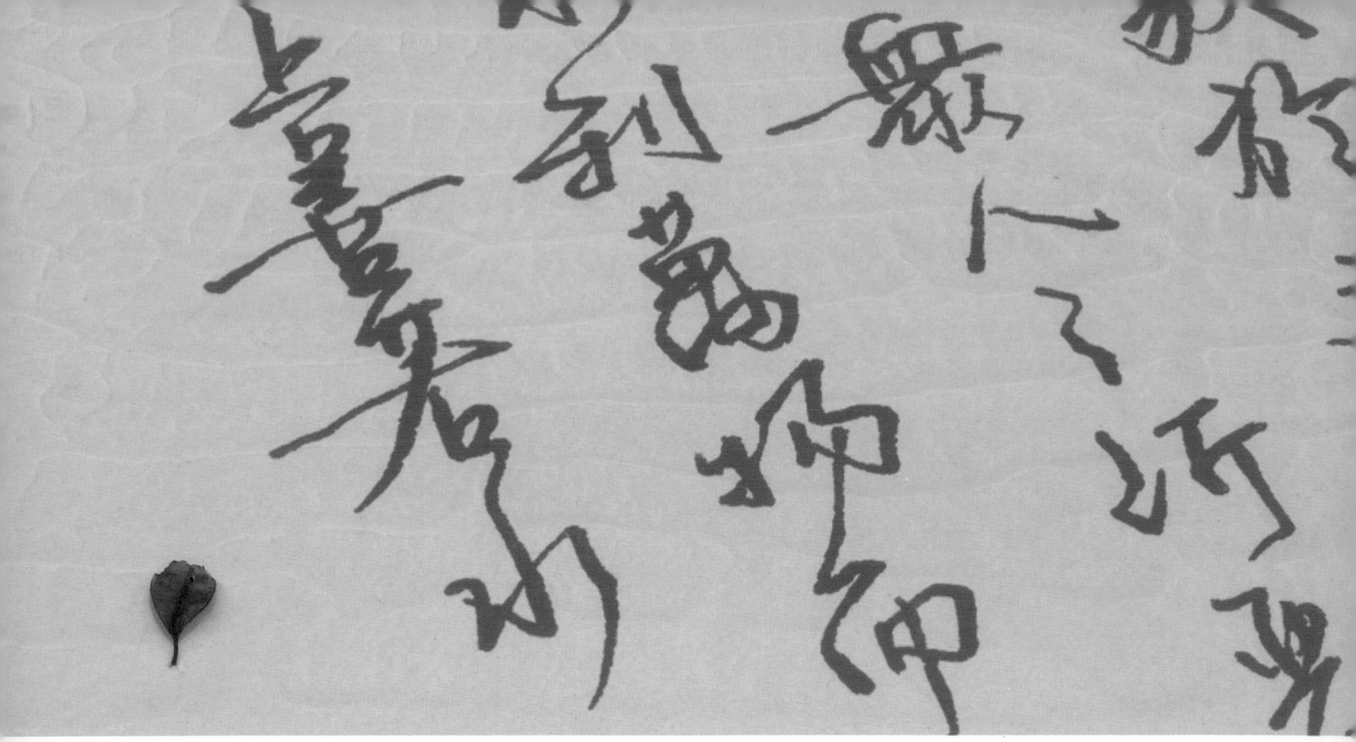

手機取代不了的筆跡

鼠團會如此迅速，也非顏立中在2013年7月3日創立時所能預期的。在網路論壇打滾多年，當時只是因為跟其他論壇成員有了小小的歧見，於是決定用「顏筆傾」來籌組新的社團；取名「顏筆傾」，乍聽之下以為是筆跡之美足以傾國，怎料這位滿臉鬍渣頗性格的大叔竟說：「是取自台語『逼切』（分岔）啦！」

自覺人生很「逼切」，顏中立當時只希望招來少少的社員，大家一起取暖、一起寫字、開開心心跟旅鼠一樣跳不停就好。所謂時勢造英雄，逼切的筆傾萬萬沒想到自己無意搭上了書寫潮流順風車，先有鼠友Polo Chan詹老師受訪，後有廖育德老師寫出絕美的黑板行草，風格獨特的板書引發熱烈迴響，鼠團拜兩位老師聲名大噪之賜急速竄紅，顏立中說：「這跟文化意識的崇拜有關，這個時代書寫仍有魅力，字寫得漂亮，還是會吸引人。」

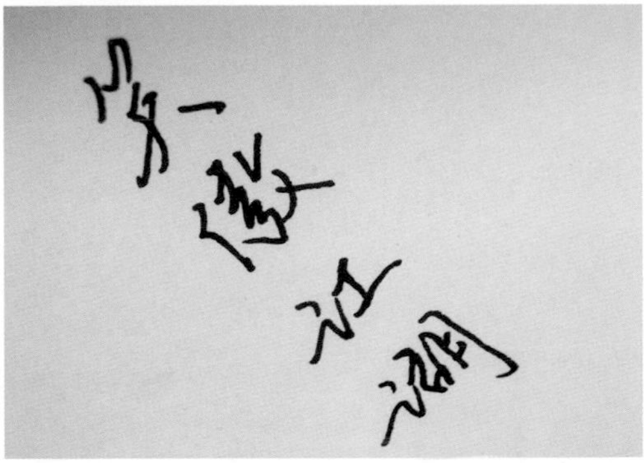

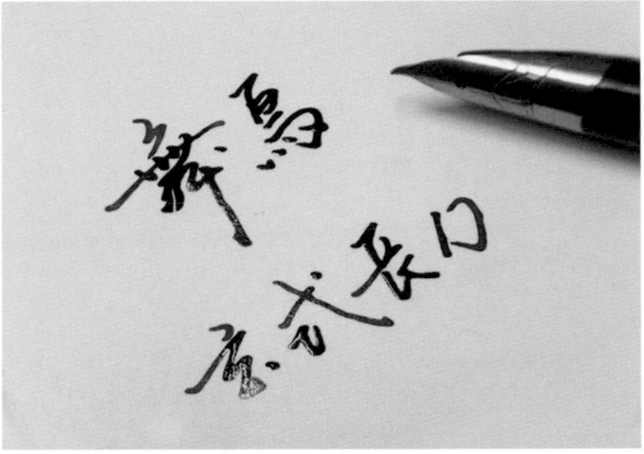

當顏立中秀出了他的真跡後，我愣住了：怎會有這麼好看的鋼筆字！顏立中在事業最失意的時候，女兒又剛出生，他徬徨地在街頭啃麵包時，瞥見來台觀光的陸客團裡有個老先生，拿起了鋼筆寫著褚遂良的字，「我一看到他的字，驚為天人！還厚臉皮請他借我筆，當時只覺得筆尖很特殊，不知道那是書法尖，我非常驚訝。」後來他又得知日本的長刀研專門書寫漢字書法，兩種筆尖擦出了顏立中的玩興，他想試試看能否做出更適合漢字的筆尖？就是這股興致，推著他用心練字並跨足筆業，同時在網路上推動書寫風氣。

曾有個女孩子跟顏立中抱怨男友所發的line訊息雖然很甜蜜，但太像罐頭，感受不到情意，「他搞不好賴給很多女生！」顏立中說，即使現在3C產品當道，但人還是喜歡收到有溫度的情書，寫字有打字打不出來的情意與心理狀態，除了小情小愛的情書傳遞之外，職場、國家考試仍得要書寫，有些機關企業面試，也會臨場撰文發揮，「以現實面來說，寫字是印象工具，寫得好就加分，寫不好可能就失去機會。」

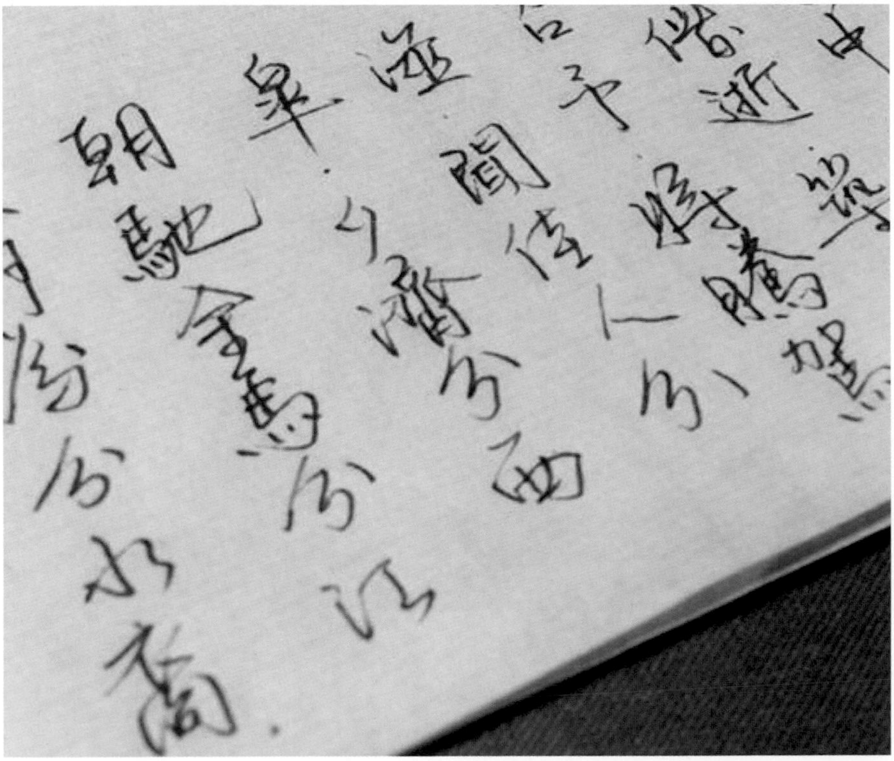

鼠團兩大特色：盡責的版管與作業樓

相信在讀者拿到這本最新的《文具手帖 Season 09：書寫的溫度》書時，鼠團人數勢必已破十萬大關。不過鼠團不是想加入就可以直接加入的社團，主要是為了要過濾假帳號、行銷手法等，對版管來說，光是每天要應付數百人加入社團，整天掛在臉書按「同意」就忙不完了，偏偏人多自然口雜，有時一個不小心擦槍走火，也會導致鼠友們間的論戰；以台灣的網路生態來說，會引起爭議的言論不乏酸民與政治立場相左，這都是鼠團版規裡嚴格禁止的，一有爭端，版管們的魄力就很重要了。

曾有一次專門扮黑臉的某位版管忍痛剔除一名社員，結果這位社員到處跟蹤擔任公職的版管，不斷打電話到政風處、服務單位騷擾，顯見一份沒有支薪、純粹只是為了寫字的喜好而聚在一起的版管所承受的壓力並不小；另一方面，由於版管是裁判，因此顏立中特別要求版管自律，「有些人平常看他還好，但是網路的匿名性會讓一個人變樣，因此版管如何行使權力、如何保障社員的權利，變得很重要。」

顏立中一心想打造的是輕鬆快樂書寫的分享環境，不受限用什麼鋼筆，色筆、鉛筆、原子筆甚至立可白都可以寫好貼上來分享，他捨棄專業氛圍，是因為「這種以嗜好建立的社團，容易有知識的傲慢，鼠團不是沒有，但我們會刻意降到最低，並同時把這裡的氣氛維持在遊樂場形式，所以才會有這種規模；如果我要寫字寫很漂亮的社團，也可以，但會變得很無趣，我希望可以有更廣大的迴響，這些鼠友們給一鍋原本可能無味的湯加了各種調味料，讓湯有了味道。」

鼠團之所以能保持高密度的互動，除了外部書寫風潮推波助瀾，顏立中還有一項密技：作業樓。他利用臉書的置頂文功能，輪流請人示範一篇作品，然後午夜時貼上，想練字的鼠友們就可以跟進，平均每篇跟進的人數大約兩百到三百，其中固定的鼠友約有七十名，「作業樓也是凝聚向心力的方法，一開始我們也不知道，是後來才發現這招有用！」

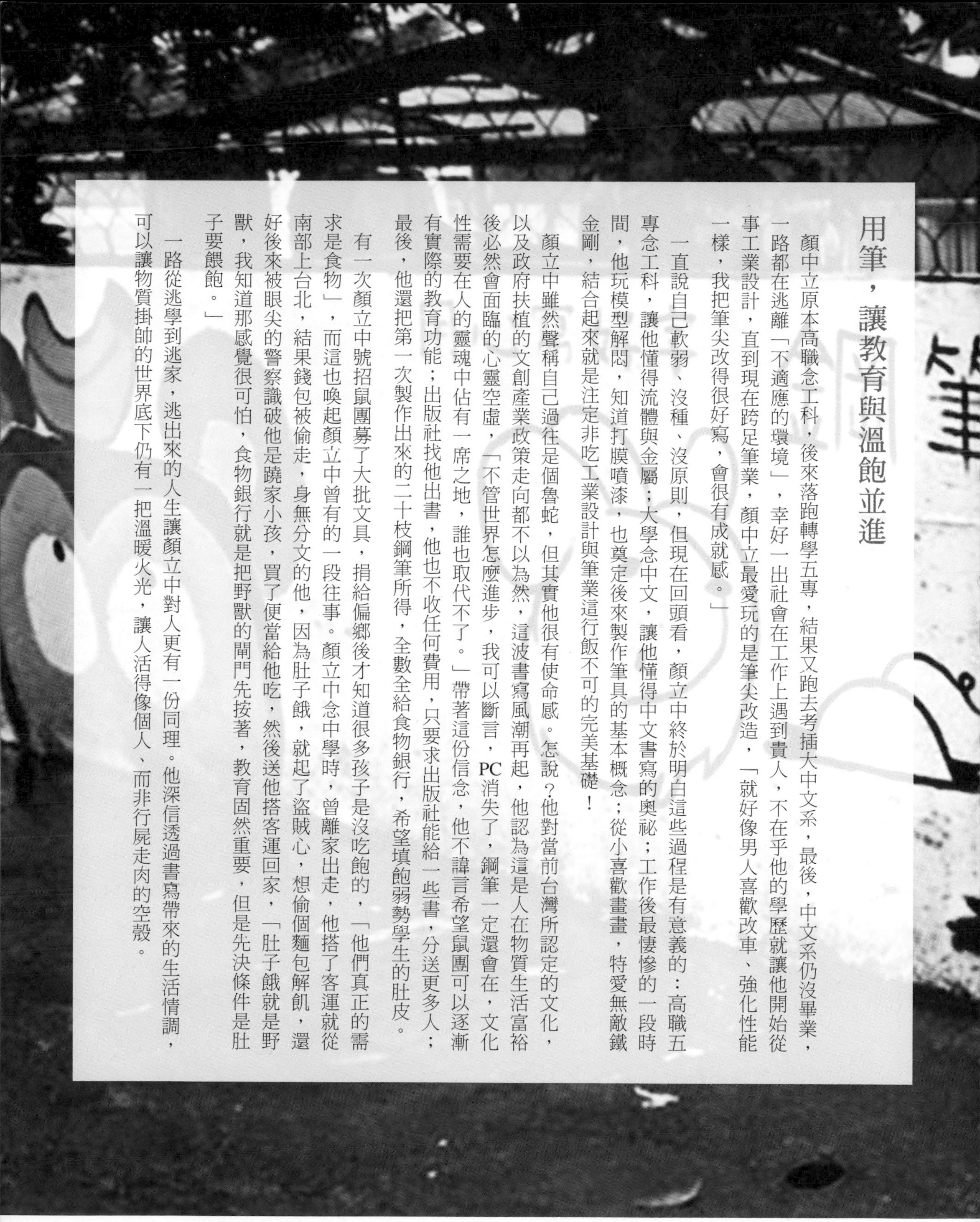

用筆，讓教育與溫飽並進

顏中立原本高職念工科，後來落跑轉學五專，結果又跑去考插大中文系，最後，中文系仍沒畢業，一路都在逃離「不適應的環境」，幸好一出社會在工作上遇到貴人，不在乎他的學歷就讓他開始從事工業設計，直到現在跨足筆業，顏中立最愛玩的是筆尖改造，「就好像男人喜歡改車、強化性能一樣，我把筆尖改得很好寫，會很有成就感。」

一直說自己軟弱、沒種、沒原則，但現在回頭看，顏立中終於明白這些過程是有意義的：高職五專念工科，讓他懂得流體與金屬；大學念中文，讓他懂得中文書寫的奧祕；工作後最悽慘的一段時間，他玩模型解悶，知道打膜噴漆，也奠定後來製作筆具的基本概念；從小喜歡畫畫，特愛無敵鐵金剛，結合起來就是注定非吃工業設計與筆業這行飯不可的完美基礎！

顏立中雖然聲稱自己過往是個魯蛇，但其實他很有使命感。怎說？他對當前台灣所認定的文化，以及政府扶植的文創產業政策走向都不以為然，這波書寫風潮再起，他認為這是人在物質生活富裕後必然會面臨的心靈空虛，「不管世界怎麼進步，我可以斷言，PC消失了，鋼筆一定還會在，文化性需要在人的靈魂中佔有一席之地，誰也取代不了。」帶著這份信念，他不諱言希望鼠團可以逐漸有實際的教育功能；出版社找他出書，他也不收任何費用，只要求出版社能給一些書，分送更多人；最後，他還把第一次製作出來的二十枝鋼筆所得，全數全給食物銀行，希望填飽弱勢學生的肚皮。

有一次顏立中號招鼠團募了大批文具，捐給偏鄉後才知道很多孩子是沒吃飽的，「他們真正的需求是食物」，而這也喚起顏立中曾有的一段往事。顏立中念中學時，曾離家出走，他搭了客運就從南部上台北，結果錢包被偷走，身無分文的他，因為肚子餓，就起了盜賊心，想偷個麵包解飢，還好後來被眼尖的警察識破他是蹺家小孩，買了便當給他吃，然後送他搭客運回家，「肚子餓就是野獸，我知道那感覺很可怕，食物銀行就是把野獸的閘門先按著，教育固然重要，但是先決條件是肚子要餵飽。」

一路從逃學到逃家，逃出來的人生讓顏立中對人更有一份同理。他深信透過書寫帶來的生活情調，可以讓物質掛帥的世界底下仍有一把溫暖火光，讓人活得像個人、而非行屍走肉的空殼。

顏筆傾製筆

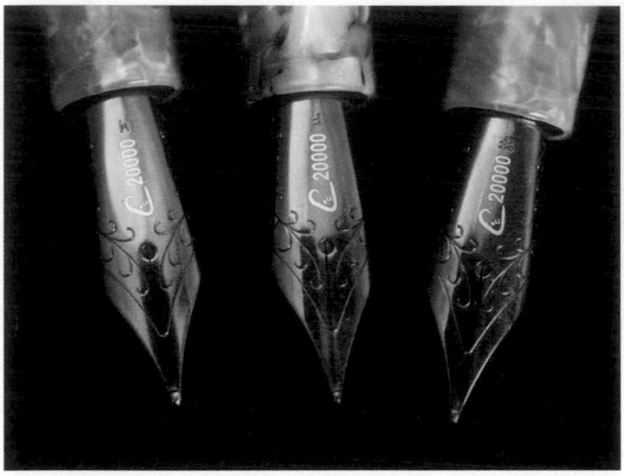

其他臉書書寫社團

北筆會（鋼筆工作室主持）https://www.facebook.com/groups/pen88tw/?fref=ts
正體字鋼筆書寫樂園 https://www.facebook.com/groups/545399175568851/?fref=ts
我愛書法尖 https://www.facebook.com/groups/981011431942764/?fref=ts

鼠友作品欣賞 —— 廖育德作品

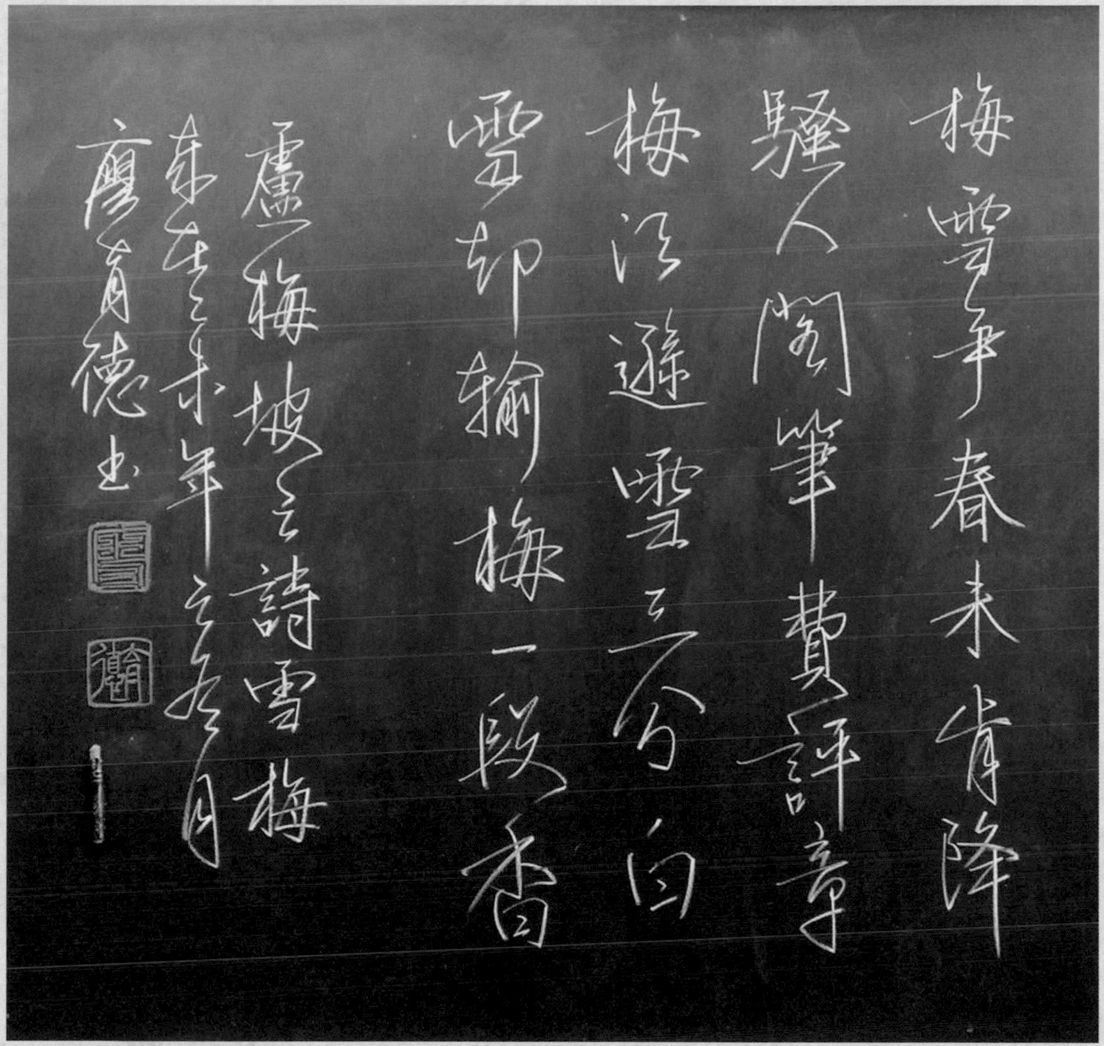
梅雪爭春未肯降
騷人閣筆費評章
梅須遜雪三分白
雪卻輸梅一段香
盧梅坡之詩雪梅
廖育德書

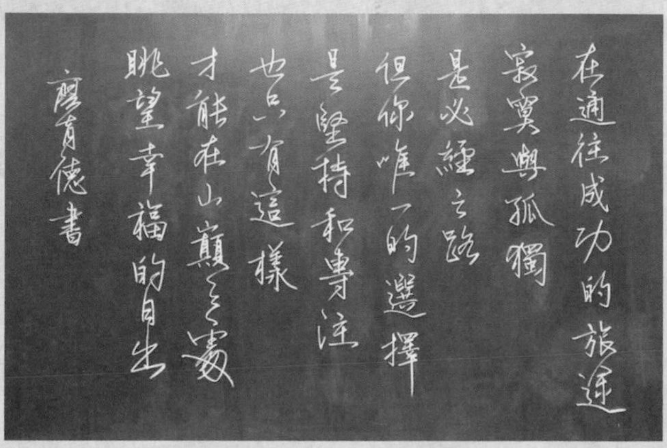
在通往成功的旅途
寂寞與孤獨
是必經之路
但你唯一的選擇
是堅持和專注
也只有這樣
才能在山巔之處
眺望幸福的日出
廖育德書

about 廖育德

熱愛寫字，
更喜歡將情感注入在文字之中，
使其充滿著藝術性，
讓人看了之後能賞心悅目抑或是有所感觸。
這就是文字讓他著迷的主因。

蔡立群作品

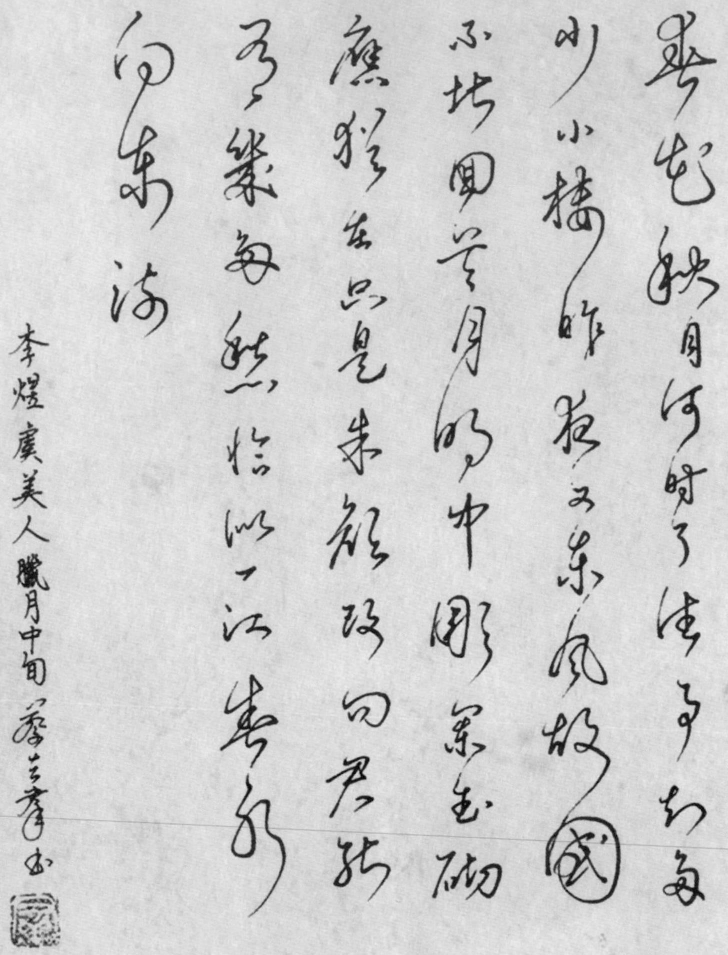
春花秋月何時了往事知多
少小樓昨夜又東風故國
不堪回首月明中雕欄玉砌
應猶在只是朱顏改問君能
有幾多愁恰似一江春水
向東流
李煜虞美人 臘月中旬 蔡立群書

about 蔡立群

從小就被媽媽嚴格要求寫字要漂亮，
寫不好常被擦掉，後來也喜歡書法，
所以會學著看字帖；但寫毛筆較硬筆稍嫌麻煩，
於是嘗試將硬筆字寫出書法的感覺。

葉曄作品

真正厲害的人
會把經驗分享給人
不是只拿專業壓人

葉曄書

about 葉曄

曾因同學無心的評論，而把醜字練成精。現在的他樂於將寫字帶來的美好分享出去，
讓更多人喜歡寫字，與楊耕合著《美字練習日：靜心寫好字》
書寫並製作專屬手寫字型《葉書體》。

筆尖下的溫度

被書寫擒服的

鍾佳伶

與粉絲團「筆尖溫度」管理者佳伶相約訪那天，是去年入冬的第一波寒流，當陽光在午後乍現，一頭長髮、一身黑衣的鍾佳伶優雅出現時，與其說是藝術家，其實更像日劇裡美麗的粉領族，讓人難想像她用「宅」形容自己。

「我很宅，網路是我對外連結的橋樑，連鋼筆墨水都是網購。」不只仰賴網路購得所有創作工具，她與我們採訪過的插畫家吉、鋼筆工作室Sam、書法藝術家黃璽丹雖然都是熟識的臉友，卻未曾謀面。

A little key
can open
a heavy door
Chung, 2015

about 筆尖溫度

是兩個男孩的不惑之年美麗媽媽，學音樂、學美術，曾當鋼琴老師，現在當起繪畫寫字老師。有兩個粉絲團：筆尖溫度、愛彈音樂 I Play Music。喜歡音樂的，可以追蹤愛彈音樂，喜歡音樂又想練字的，可以追蹤筆尖溫度。

音樂、繪畫來回逃……

除了宅，鍾佳伶還用「逃不停」詮釋四十歲以前的自己。鋼琴是她從小就學的樂器，「可是鋼琴老師很兇，彈不好就打手指，一直打，有一天我突然閃開，老師嚇了一跳！」後來鍾佳伶決定逃離可怕的鋼琴夢魘，她以為繪畫容易多了，二話不說跳進畫畫領域。廣告設計學了三年，常常沒日沒夜趕作業，儘管換來紮實基礎，但鍾佳伶的逃避習性又出現了，但不是想逃到哪，而是吃回頭草：重拾音樂本行。

這一次，媽媽不點頭，只拋了一句：「妳是家裡最花錢的小孩，我養你們很辛苦。」鍾佳伶的父親早逝，全家靠母親一人撐起，心虛的她只好摸摸鼻子先選間學校安頓自己，進了靜宜化妝品應用科學系就讀後，對鋼琴仍不死心，不斷找尋哪裡可以學琴又不給家裡添負擔的管道，基督書院終於讓她有了兩全其美的出口。

這次逃回黑白琴鍵裡，終於底定鍾佳伶不惑之年以前的狀態：學琴、教琴，家裡也擺了一架演奏三角鋼琴。為了分享鋼琴演奏與教學，鍾佳伶成立「愛彈音樂」粉絲團，比「筆尖溫度」粉絲團更早。她常常會自錄一段演奏貼上網，示範同時分享創作，但後來發現，對新手來說，古典音樂入門不容易，但對想走音樂創作風格的人來說，又不容易獲得支持，讓鍾佳伶的「愛彈音樂」粉絲團經營得很辛苦，成立三年多，粉絲三百多，而晚了一年起步的「筆尖溫度」，卻已擁有兩萬六千名粉絲，網友青睞比數懸殊。

當鍾佳伶跨過人生四十大關後，發覺生命中開始要面對長輩們的老病死，而為人母的她同時開始思索：「換成是我，我想留什麼給我的孩子紀念？」她跟丈夫開玩笑說，告別式上得有自己的作品可以讓人追念，「不然徒留一個沒了靈魂的肉體讓人瞻仰，最後還是得火化。」這對她來說，實在虛無得可怕。

「當我有一天離開時，希望可以留下我走過的足跡。」帶著這份信念，鍾佳伶在國外網站上發現曼陀羅與英文書法，從此一頭鑽進沾水筆的書畫世界，既是新歡、同時也是中學美術學習的舊愛。這一回，鍾佳伶沒想再逃了，為了換取更大的文字創作空間，一年前，她以一曲〈十六個夏天〉主題曲「以後別做朋友」向陪伴多年的演奏鋼琴告別，轉賣他人，自此安心悠遊在文字曼陀羅與英文書法的世界裡。

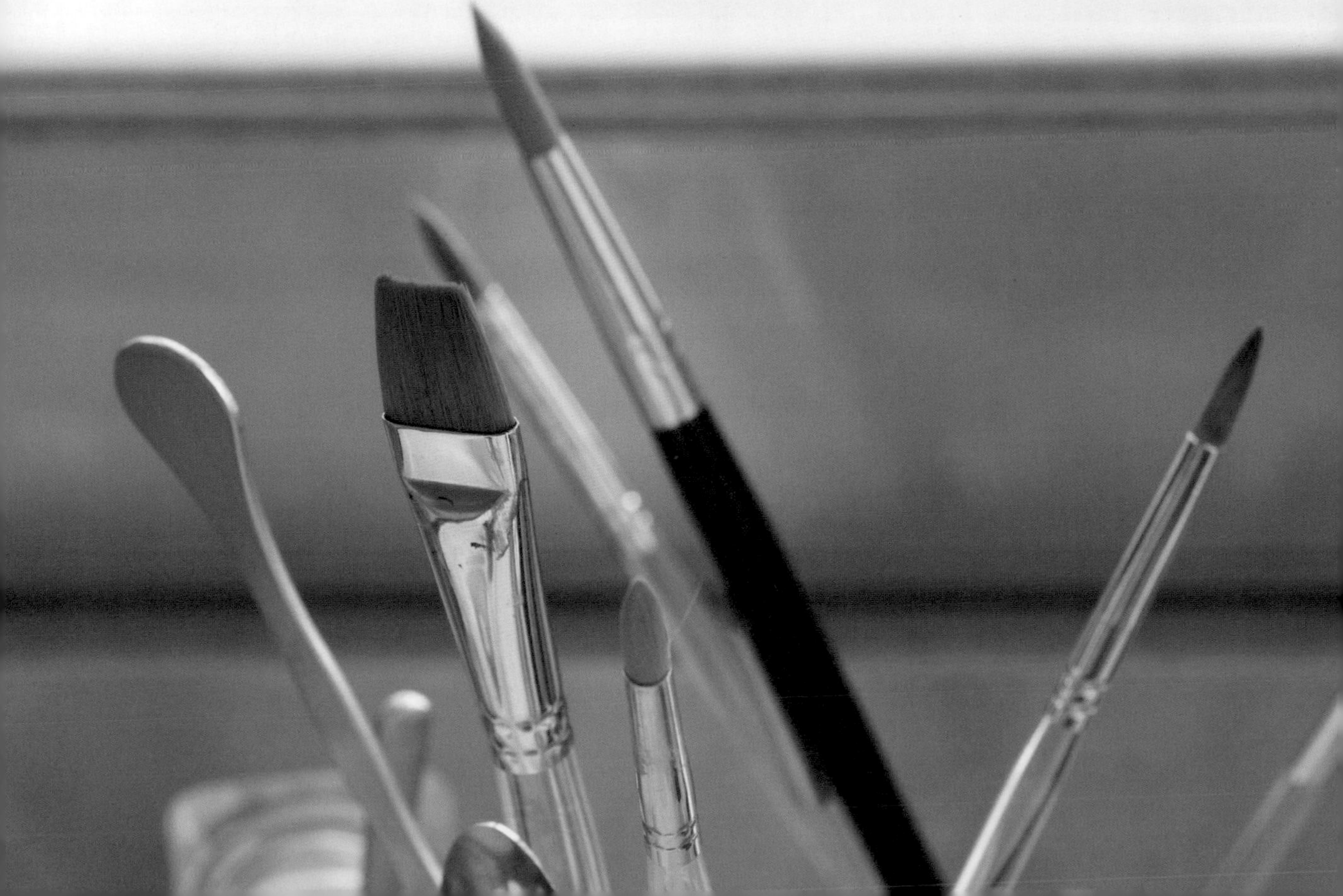

用祝福與文字曼陀相遇

三年前，禪繞畫熱潮幾乎席捲全球，這種用重複的線條或者圖形來完成一幅畫的過程，被視為可提升專注力、放鬆心情。鍾佳伶也試過，但她對無止盡的禪繞形式反而沒輒，「我畫畫就像學音樂，要有起、有主題、有休止，但禪繞畫找不到主題、又可以隨時喊停，我一邊畫、一邊產生更多困惑。」

後來在朋友的建議下，她開始接觸曼陀羅。曼陀羅（mandala）來自梵語，是「圓」的意思，是東方宗教希望達到的理想世界，也是修行的一部分；運用在繪畫上，可以沉澱雜念思緒，有助心靈減壓，並讓人探索自己眼睛看不到更深層的意識層面。但鍾佳伶認為，如果只以東方宗教觀點詮釋曼陀羅，未免狹隘，因為西方的基督教、天主教甚至非洲祭祀，象徵圖騰都是以圓為基礎的變化，圓形對她來說，與其用宗教看待，不如用能量詮釋曼陀羅的意義會更完滿。

以圓為中心向外延伸，最後止於圓，曼陀羅對鍾佳伶的創作會比禪繞畫更有韻律感；同時，她也正在摸索沾水筆練習英文書法，沾水筆的彈性尖可有粗細變化，字像是活了過來，不僅有溫度，還富有生命力。

為何會把曼陀羅與文字結合在一塊？她調侃自己太愛買潘朵拉飾品，不甘願就此被商品綁架，「我想我應該靠自己的創作找到我要的東西，所以我把祝福的話語融合到曼陀羅裡，結合東西方藝術。」文字曼陀羅就在鍾佳伶不想繼續敗家的前提下誕生。

如果手氣好、靈感順的話，鍾佳伶大約六小時可以完成一幅文字曼陀羅作品，但這過程頗艱辛也充滿驚險。怎說驚險？有一次，鍾佳伶畫了九成，近乎完工，她終於可放鬆起身去活動順便洗洗手，結果沒擦乾的雙手撒了滴水在作品上……「毀了！而且再也回不去了、畫不出原樣。」這是鍾佳伶對文字曼陀羅的創作又愛又驚的地方；還有一次靈感枯竭，她不知道中心要畫什麼，由於曼陀羅是由中心往外創作，結果外圍都畫好了，中心其實也補不了，留下空白一片，最後她決定把這幅未完成當成一幅作品，「瓶頸也許是種美」。

每一幅文字曼陀羅的創作都有鍾佳伶背後想說的故事：為清寒家庭向受刑人募款、台中捷運工安事故、熟知的老人身體微恙等，由於創作初衷是祝福，因此她都以義賣方式把這兩年來的作品送了出去，雖然不捨，但是想到透過作品可以換來實質的金錢給需要幫助的人，她還是咬牙閉眼奉獻了。

教學，是為了分享錯誤

鍾佳伶相信每個人都有創作天賦，這從她在為學生設計好底圖、讓學生自由發揮之後呈現截然不同的作品可以一窺究竟，差別只是在於會不會使用沾水筆、這門檻跨不跨得過去？而她後來也乾脆把沾水筆放一旁，先用大家熟悉的牛奶筆練習，她希望學生覺得這是有趣的事，別因基本線條練習過程的無趣而打退堂鼓。

除了開班教學，如果夠用心、不是按按讚就滑過動態時報的粉絲，一定看過鍾佳伶非常用心製作許多書寫花體字、哥德體、畫鳥、畫八等基礎入門學習的短片。她自己架好攝影機，然後開始一步一步示範教學，錄完以後配上自己製作的鋼琴獨奏小品，影片以快動作方式呈現，整支影片大約一分半鐘。這樣跟著鍾佳伶學寫字，你即使不用花錢上課，都會有西洋書法的基本書寫能力。

曾經手氣不好，鍾佳伶重錄好幾十次，都快崩潰了，卻沒打消她繼續用這種方式跟網友分享的心。如此大費周章錄製教學影片，難道不怕網友看一看就會，開班授課反而招不到學生？鍾佳伶的邏輯很有意思，她一點也不認為這是衝突，網路反而是很好的宣傳，不像以前的創作者還苦無宣傳管道；而且她深信有興趣的人還是會來上課，「我覺得創作路上需要有伴，才不孤單，所以我不是用教學的心態來面對學生，而是分享與推廣，過去資訊不完整，別說學寫字這件事找不到資源，我連墨水與紙張都會買錯，跟我一起上課，是分享我的錯誤經驗，同學可以少走點冤枉路。」

英文書法示範

以哥德體為例，此段示範可上筆尖溫度粉絲團觀摩教學影片。

哥德字體的基本筆畫練習像柵欄，所以也稱 作「畫柵欄」，通常練掉好幾張 A4 紙也不為過。

1. 印一張方格紙，先用平尖筆畫出五個小方塊，可量出筆寬五倍的直線高度（或是七倍也可以）。
2. 即可開始練習。
3. 練習的重點在於直線要畫得夠直，斜點與直線間距要一致整齊。

畫柵欄基本功練得勤、練得好，是未來寫哥德字體漂亮的重要關鍵。

作品分享

小叮嚀

有人問我，究竟要先學畫畫還是先學寫字？我會說，喜歡哪個就從哪個下手，喜歡寫字，就寫，一段時間後若遇到瓶頸，就去畫畫，這想法是從音樂來的。我們學音樂時，老師會給我們不同時期的音樂練習，巴洛克、古典、浪漫等樂派，甚至最後學爵士，不同時期都去練習，我們才會知道可以有不同搭配，繪畫、寫字也是一樣道理。

字與畫共舞，
黃璽丹從熱情燃出無限創意

黃璽丹，是我們企畫這次專題裡最年輕的書法藝術家，美術科班出身的他，除了中英文的書法創作之外，還有水彩、3D、工筆花鳥、曼陀羅等作品，創作形式也最多元豐富。這位理了個龐克頭、一身丹寧酷帥的男生，白天在知名3C品牌從事工業設計，下了班後不是滑手機玩遊戲或用吃喝玩樂放鬆犒賞自己，而是選擇沉浸在古老的書寫世界裡。

約好採訪當天，黃璽丹遠從永和的家裡把所有作品、各種筆具、墨水搬到台北市東區同學的工作室來跟我們分享近兩年的書法創作歷程。才寫不到兩年？沒錯，而且全都是他自學來的成果。

接觸書法的種子早已播下

黃璽丹之所以會接觸書法，是因為有次工作需要揀選一些跟古英文字體有關的設計，他發現網路上有不少人在書寫哥德體，古老字體的豐富變化讓他非常驚艷，就像漢字書法一樣，英文字也會呈現每個人的獨特筆風，甚至還可自創字體、獨樹一格。黃璽丹這才明白，高級餐廳的菜單、酒標等專業字體都是出自於專精西洋古典書法的人所親手設計寫下，線條與美感跟電腦叫出來的單一規格字型自是不同，這引發他極大的好奇心，就這樣，他開始跨入西洋書法的領域。

如果說種子早已播下，只是等待萌芽時機而已，那麼想練字的黃璽丹第一枝使用的沾水筆，就是二十年前父母親從永康街遊藝舖買來時無意識所播的書法種子。喜歡收藏器物的雙親買回沾水筆後也只是靜靜擱置在收藏櫃裡，當黃璽丹開始想寫西洋書法，第一個想到的就是這枝老沾水筆。他從角落裡拿出塵封已久的筆開始學寫英文字，老筆與古字，自此有了新生命。

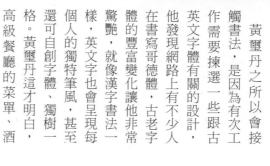

黃璽丹雖然熟悉英文字母，但學寫古體英文書法還是得從頭練起，包括出墨量的控制、線條整握能否流暢一氣呵成，都不是件容易的事，寫沒多久，他就遇到瓶頸。

「一直練習字母，比較單調乏味，我就從網路找了一些藝術家的作品來臨摹，不論是單字或者名字，用花體字變化，覺得非常有趣，我因而突破瓶頸，字跡明顯大幅進步，也因此產生了想要創作自我風格的動力。」黃璽丹從花體字中嚐到了西洋書法組合與變化的豐富樂趣，就像是小孩一邊學走路、一邊穩住身體那樣，哪怕步履歪歪扭扭，慢慢地總會穩定下來。

即使白天工作再累，下班後依舊會給自己一段時間寫寫字、畫畫圖。近兩年來，他對書寫的熱情全都反映在創作量上，手氣順的話，大型作品大約需要半小時至四十分鐘完成，小品只消二十分鐘以內就可搞定，難的不是完成作品本身，而是事前的練習與設計。黃璽丹雖然作品不少、擁有許多鐵粉，偶爾也有機會教人書寫，但他仍能感覺到自己「功力還是不夠」，因而在粉絲團上為自己寫下這樣的評語：「練字，將比例、間距、行氣練得更穩一些，還得加把勁。」聽到我們曾採訪過專精書畫的藝術家王傑時，他驚喜地直呼王傑是「偶像」，常常欣賞他的作品。也多虧網路世界的便利，讓喜歡寫字的人可藉此連結，看似孤獨的創作歷程，一路上也不再那麼孤單。

美學訓練學打底，善用複合媒材

記得以前在鬧區或者夜市，常常會有人用顏料或者印泥畫字，「龍」、「鳳」、「吉祥如意」，這些原本工整的漢字全都成了彩蝶一般翩然而起，欣賞黃璽丹的作品就有這種熟悉感，字不只是字、畫也不只是畫，他的字與畫有時沒了界線，字會躍然跳動、而畫中也暗藏了字的線條。

黃璽丹的創作最有意思的地方在於他會同時把中英文與畫結合起來。他認為，繪畫的多樣性，有些人看得懂，有些人卻沒有感受，抽象畫與實驗性作品更是如此，是很主觀的感受，但文字人人都會寫，不論中英文，這些線條背後都承載了悠遠的歷史與智慧，只要識字，一定都能透過這些線條組合看懂基本的美與情感。

「如果用鍵盤敲字、顯示在電腦螢幕上，你不會有感覺，但如果以狂草書寫，墨潑了過去，不論是否看得懂，但是墨韻與紙張的渲染意境更甚於內容，抑揚頓挫、情感與重量都會活生生地讓你感受力道。很多外國人不懂中文，卻能欣賞書法，就是這道理。對我來說，書法就像抽象畫，我也用抽象畫的方式解構書法。線條與字母，可以抽離也可以融合在一起。」黃璽丹娓娓道來自己對書法創作的見解。

文字與畫的搭配，敞開了黃璽丹的創作空間。除了將中英文中西合璧在一幅作品裡，黃璽丹也大膽嘗試把不同類型的筆具搭在一起進行多媒材創作；比方，麥克筆是他最常用來打底，勾勒幾筆簡單線條底定整個畫面感受，接著是平尖筆、沾水筆、水彩筆輪番登場演出。

以人物像來說，黃璽丹使用平筆刷、水彩筆刷、沾水筆與麥克筆混合畫成。人物畫像對唸過六年美術班的黃璽丹而言，並非陌生的創作形式，以往畫風傾向單一媒材、塗塗抹抹的寫實成分居多，學會書法後的最大改變是線條掌握更精準，而且可以化繁為簡掌握到神態；以頭髮為例，過去他會一筆一筆描出髮絲，現在可能只需要兩、三筆呈現，反更能凸顯髮絲的飄逸俐落，「我現在只簡單用鉛筆打底，不用著墨細節或區分色塊，接著再用鋼筆勾勒線條，或者先用鋼筆勾線，再上色塊也行。」透過繪畫與書法的融合、色塊與線條的交錯，黃璽丹不斷迸發出更多的新意，愈玩愈大、愈玩愈起勁。

熱情，熱情，還是熱情

嚴格說來，黃璽丹的創作之路非常完備，國、高中念美術班學習正規美術教育，畫素描、水彩、油畫，大學主修金屬工藝，研究所專攻工業設計，但他並未把藝術與設計切開，自不會在天平兩端掙扎，他善於汲取一路走來的養分，最後在西洋書法的世界裡獲得完美融合。這個時間點，來得早或晚，都不如來得巧，「小學與國、高中都寫過中文書法，但那時無法體會，反而在接觸了不同領域後，從西洋書法回頭體驗東方意境，不管是理性的產品設計或者感性的藝術創作，我終於有所體會，也提煉出自己的生活態度。書寫，對我啟發非常大。」

黃璽丹說，我們用鋼筆與沾水筆寫中文字，國外有人用毛筆寫英文字，伊斯蘭國度也有人用直幅書寫格式創作，遠看還會以為是中式字畫，這些運用都沒有絕對界線，而是美學與艦賞能力的開展。接觸西洋書法後，從自己摸索過程中才明白，沒有非得要怎樣學才是對的。

書寫創作既然不再受限，黃璽丹所憑恃的、也是最根本的動力就是熱情。徒有技術卻無熱情的創作只剩匠氣，反之，從熱情可以衍生出無限創意，「寫字創作已是我生活的一部分，就像熱愛運動的人非得要運動流汗才覺得身心舒暢一樣。」

about 黃璽丹

國中、高中皆是美術班，大學主修金屬工藝，研究所唸工業設計。英文書法創作時間約兩年，純自學。喜歡邊寫字邊聽音樂，尤其是古典音樂，也喜歡 3D 數位繪圖及創作哥德式建築。

粉絲團：黃璽丹 Stan Huang Studio

創作心得

我喜歡寫字勝於收藏，加上預算有限，所以目前不會刻意追求高價的筆墨工具。雖然好的用具書寫起來一定更能得心應手，不過我喜歡輕鬆地運用隨手可得的工具， 對於各種紙、筆和墨，我都沒有成見，只看怎樣才能發揮它們各自的特色，最重要的是享受創作過程帶來的快樂。

作品分享：泰戈爾詩集《漂鳥集》

泰戈爾的詩讓黃璽丹感覺有書法的意象，於是他用花體字來畫出詩裡的感受。他認為，關鍵不在於是否看懂字與詩，而是整體構圖與豐富線條美感的呈現，能否讓人有感。

之一

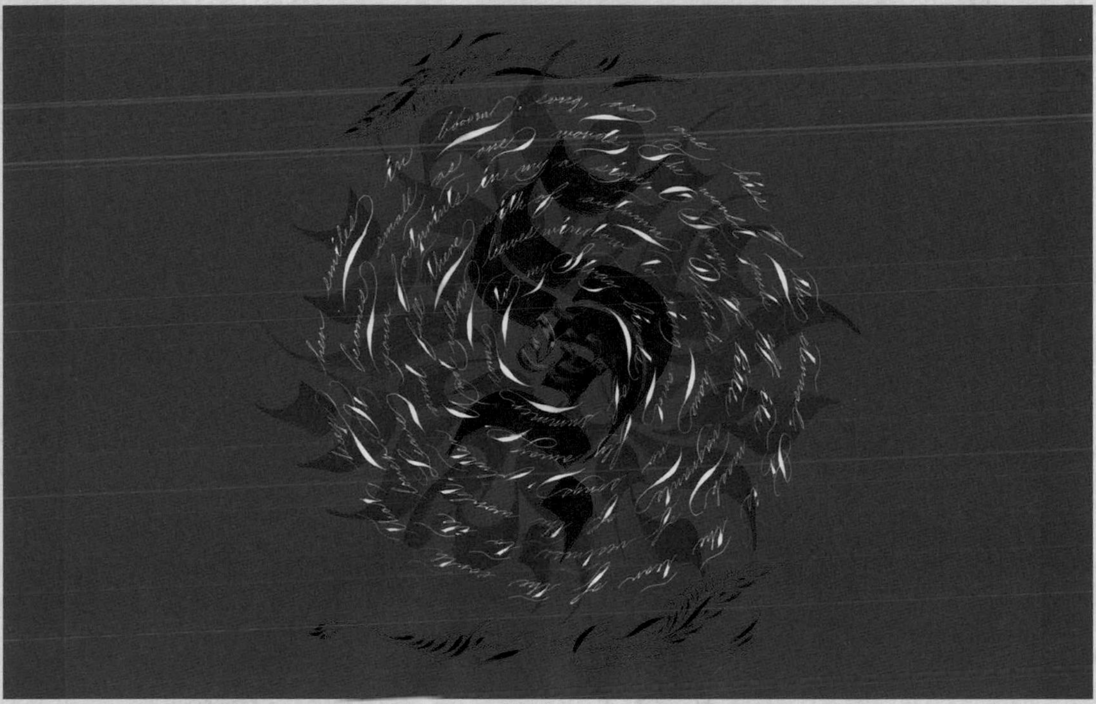

Stray birds of summer come to my window to sing and fly away.
And yellow leaves of autumn, which have no songs, flutter and fall there with a sigh.
夏天的漂鳥飛來我的窗前歌唱又飛走了。
而那無歌的，秋天的黃葉，隨風飄落以一聲歎息。

O Troupe of little vagrants of the world, leave your footprints in my words.
世上流浪兒的隊伍啊，
願留你們的足跡在我的話語之中。

The world puts off its mask of vastness to its lover.
It becomes small as one song, as one kiss of the eternal
這世界面對它的戀人脫下「巨大」這個面具。
它變得微小如歌，如永恆的吻。

It is the tear of the earth that keep her smiles in bloom.
因著大地的淚水，使她的微笑常開不謝。

Stan 這麼說：
泰戈爾的詩很像英文書法的筆法，形和意境合一，我從中心往外寫，用環形盤旋呈現，可能是風、可能是雨、可能是飛鳥、落葉、或星系的星盤等任何在空中盤旋的畫面。詩，很抽象，卻也純粹，美好。
上、下是詩的標題和簽名。中間大大的歌德體字母 S，是詩的字首開頭的字母，當作壓印。

之二

My thoughts shimmer with these shimmering leaves and my heart sings with the touch of this sunlight; my life is glad to be floating with all things into the blue of space, into the dark of the time.

我的思緒閃閃發光如這些樹葉一般，我的心隨陽光的輕撫而歌唱；
我的生命樂與萬物沉浮於天空之湛藍，或於時間之奧秘。

Stan 這麼說：

詩，像抽象畫，不一定要很精準知道字義，就像一代宗師電影裡説過的：「我看到的不是招，是意。」書法與心靈相通，我在西洋書法裡體會到東方意境。選用黑底金字，意味著樹葉縫隙間的陽光灑下，飄逸閃耀。

之三

Rabindranath Tagore
The song feels the infinite in the air, the picture in earth, the poem in the air and the earth. For its words have meaning that walks and music that soars.
Stan Huang

The song feels the infinite in the air, the picture in earth, the poem in the air and the earth.
For its words have meaning that walks and music that soars.
歌聲在空中體會無限，圖畫在地上體會無限；詩呢？無論在空中、地上都體會無限，因為它的詞句能舞動，音韻能飛翔。

Stan 這麼說：
天空是歌曲，繪畫是大地，詩則在中間串連兩者。當天空、繪畫與詩組成一幅畫，我用鳥代表詩，牠的翱翔意味著天空無垠，而我的畫面則是大地無限。
這幅作品是用我們小時候貼壁報的厚壁報紙，有時候接案需要裱框，我會仔細挑質感更好的紙。但自己書寫創作，我有時會用光滑的麻將紙，一次聚餐無意中發現，在餐廳的桌上鋪著這種紙，我隨手寫發現觸感很好，就開始用麻將紙來寫字。我覺得創作就像玩遊戲，即便拿著竹竿在沙灘上創作，也很有意思，不一定每次都要很正式地創作，甚至兩支鉛筆並排就有粗細變化，可以寫歌德體。創作是一種游於藝的過程，最重要的是自己能夠全心投入享受其中。

古老書寫，
在韓玉青手裡變得精緻絕美。

人不識余心樂
花隨柳過前川
淡風輕近午天

採訪韓玉青之前，電郵往返過程便可以感受到他的謹慎與細膩，讓我不免有些緊張。為什麼？因為助理特別提醒：「為避免打擾學員，我們沒有安裝電鈴與電話，非上課時間也沒有開放入內，也無對外開放參觀、陪同旁聽等服務。」這是一個什麼樣的教室，要特別聲明沒有電鈴跟電話，難道不需要招生、不需要跟學生聯繫？嚴肅與距離感油然而生。

韓玉青的書寫教室「日日好文創」座落臺北市和平東路三段車水馬龍地段，在國立台北教育大學對面，這不是個隱藏市區的角落，為何如此神祕而嚴謹？

about 韓玉青

國立臺北教育大學藝術與藝術教育學系（現更名藝術與造型設計學系）畢業。
任教實踐大學進修推廣部，教授插畫、網頁、美術設計、平面設計等課程。
精通多國語言與書寫，為多家國際知名品牌指定書寫文字設計。
粉絲團：日日好文創 https://www.facebook.com/Bonjour27333038/?fref=ts
部落格：韓玉青教你從心改善手寫字 http://hanson0715.pixnet.net/blog

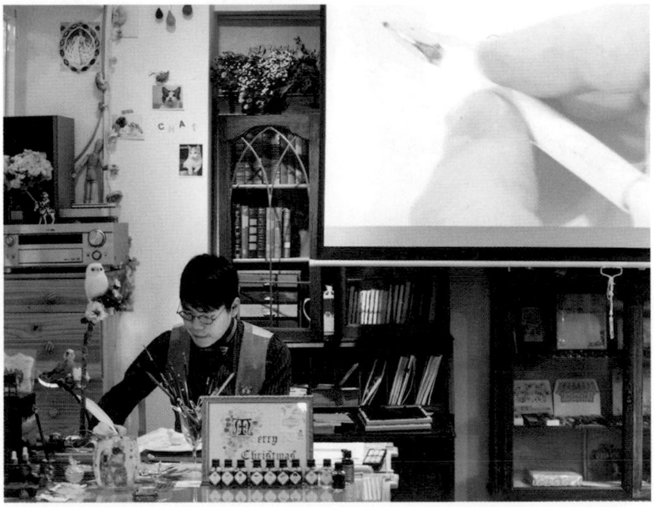

世界愈快，心要愈慢

直到走進教室後，竟有種別有洞天之感：溫暖黃光包圍整個空間，櫥櫃裡除了鋼筆、墨水等書寫工具之外，還有許多玩具收藏，最吸引人的莫過於兩隻可愛的貓咪：班主任溜溜與副班主任雪比。兩位班主任成了日日好文創的招牌，學生來上課，牠們會盡責地迎門；上課期間，牠們也會安靜在旁邊陪伴；偶爾不免玩過頭，小聲告誡一下下，溜溜與雪比又會立即想起自己的身分，端正了起來。有了這兩位貓主任與副主任坐鎮教室，不少第一次來上課的學生，立即可以放下原本緊張的心情，當然也包括第一次來教室的我。

「日日好文創」開班八年，韓玉青不設電話、不開放參觀，想上課的學生與家長，可從粉絲團或部落格取得詳細資訊，報名則透過電郵聯繫，不知者，或以為這樣的姿態未免不近人情，但韓玉青背後是有很縝密的考量。

「我曾開放過電話與參觀，但是來的大部分都不是真心求教的人，有人只是來借廁所，對課程不怎麼有興趣，甚至影響到上課的學員。也有打電話的人來直接說，就是因為懶得上網看，所以要我們口頭跟他解釋課程資訊；但我想說的是，如果你連靜下心來上網慢慢找尋適合自己課程的耐性都沒有，我不禁會懷疑當你來到教室坐在位置上，會專心寫字嗎？」

目前坊間不乏寫字班、寫字課程，但韓玉青希望學員們要能夠為自己想要的課程做功課，不是一定要來「日日好文創」，但是如果要來，至少先知道他的教學風格與原則再決定是不是要報名；此外，他也嘗試過從較低的價格，一路調整到現在的

2980元起，便宜的課程，對很多人來說，就是先搶先贏，至於課程內容是什麼，都變得不重要了；直到價格拉到2980元，看起來所費不貲，但根據韓玉青觀察，來上課的學員們都至少會很珍惜一堂課的時間。

韓玉青說，現在網路資訊取得方便，但弔詭的是，大家更因此變得疏於汲取課程資訊，開班授課，教的不只是寫字這件事，「我希望大家慢下來，從選課開始做起，如果不上網看看我的教學風格就跑來，也許這不是我要的學生，透過價位，多少可以篩選掉抱著湊熱鬧心態的人。」

日日好文創

日日好文創為韓玉青個人創作空間
為避免打擾，無裝設電鈴、電話、
平日沒有開放，也無提供參觀咨詢的服務
任何問題請來信詢問：
e-mail : bonjour27333038@gmail.com

寫字，該是一家人的美好時光

相信對很多人來說，寫字並不是一件好玩的事。很多中小學生每天都有寫不完的功課，寒暑假也有寫不完的作業，平常寫到深夜十一點的大有人在；除了作業讓人寫到抓狂，現在不能體罰，「罰寫」成了最佳替代方式，抄經、超弟子規、抄課文等五花八門，就算好學生不會被罰寫，但光是看到被罰寫的人盡是成績不好、違反校規的同學時，誰會喜歡寫字？寫字，成了一種負面標籤。

即使慢慢有些家長不再把寫字當成處罰，開始重視寫字，但很多家長仍不知道如何面對孩子字醜、握筆錯誤、愈寫頭愈低、寫到手痠一直哭……，最後，送來學寫字，也許是個解決方法。父母的出發點是善意，但韓玉青在班上也發現一些有意思的現象。例如，一進教室，家長就嚴格要求孩子正襟危坐，不准嬉鬧分心；也有家長很在乎孩子的字好不好看，心急要求小孩的字體要進步……。韓玉青說，如果家長都不能靜下心來陪孩子寫字，又怎能期待小孩穩定坐在書桌前好好寫字？很多小孩根本沒有問題，都是家長心太急。

針對透過親子互動來提升寫字的樂趣，韓玉青首創「鋼筆字親子班」，讓父母親一起陪著寫字，不只能夠讓父母親知道寫字的要領，這一段親子共享時光，才更值得珍惜。之所以重視親子互動的家庭氣氛，除了跟韓玉青的教育背景有關之外，他從小在爺爺與父親的教養中，獲得非常豐厚的養分是關鍵。

來自山東的爺爺極愛書法，年年都替村裡的人寫春聯，也有不少人來跟他求字。爺爺對長孫韓玉青充滿期待，一歲時抓周，

韓玉青抓了毛筆，這下子爺爺樂得很，不僅想為長孫存筆教育經費，也想親手調教長孫的寫字功力；韓玉青不到四歲，爺爺拾來工地鐵條，剪了一段交給小手握持，「我只練拿、沒寫字，光是這樣都很重，一直流汗。」

每逢過年，外公外婆會來家裡與爺爺一家人聚餐，重頭戲不在餐桌上、也非牌桌或酒桌，而是揮毫。當時他們都在地上舖報紙直接寫，姑姑會幫忙磨墨，親家兩人就輪流大展身手，這時不只韓玉青一家人觀看，眷村裡的左鄰右舍也都聚了過來，外公與爺爺寫完，大家都鼓掌叫好，最後爺爺跟韓玉青說：「你也來寫吧！」。當時年紀小，韓玉青可沒在怕，拿起筆就有樣學樣了起來，光是握筆，就引來滿堂喝彩，接著他寫了個「大」字，寫得很大，把報紙寫滿，父親問他：「為什麼寫這麼大？」「因為大啊！」韓玉青童稚的回答，又引來一陣掌聲。

這段幼時回憶，為韓玉青注了極為關鍵的養分：寫字可以贏得掌聲，而不是責罵；家人的鼓勵特別重要，因為寫字是一家人的活動。

寫字，不只是寫字而已

如果「一字千金」這成語在現代仍適用的話，韓玉青可就是最佳代表。曾經被迪奧、香奈兒、寶格麗、寶璣、伯爵珠寶等頂級品牌指定書寫邀請函、貴賓卡，韓玉青的字可謂字字珍貴，偶爾來個特急件，價格會更高，但業主們都很願意用任何代價換得他的一手好字。他開玩笑說，電腦打字，量大可以折扣，手寫愈多反而愈貴。純手工的品質保證，成了他的金字招牌。

在業界合作多年，當韓玉青在大學推廣部授課時發現，很多人想走商業設計、平面設計，卻沒有手繪能力，「他們不知道國外的企業識別都是手寫，如果電腦選字可以解決，人家為何要花錢請你寫？」。不同於一般老師直接上電腦教學各種繪圖軟體，韓玉青要學生用鉛筆從素描學起，也各種沾水筆教寫英文哥德體、花體字等，有沒有學到一技之長是另一回事，但教學過程卻讓學生大開眼界，「對我而言，這只是課程一部分，但對他們而言，是一個新世界；原來書寫世界，跟以前的教育這麼不同！」

韓玉青寫得一手好字、也持續在教學寫字，但他特別強調，字寫得好不好，不是最終的目的，只要靜下心，不心急、不草率，基本上字都不會太差勁，要把字體從零分提升到六十分，也不是一件困難的事；在他眼裡，更重要的是，書寫過程帶來的療癒與心性轉變。他說，寫字與畫畫不同，會畫畫，就是一輩子都會，但若不寫字，久了就會退步，寫字跟肢體記憶有關，因此持續寫字是維繫筆跡不墜的唯一方法，也因為持續，性格、思緒、看事的角度、審美觀乃至對生命的認知，都會因此有所改變，「字跡有沒有進步是一回事，但練字過程，很多其他美好事情正在發生。」

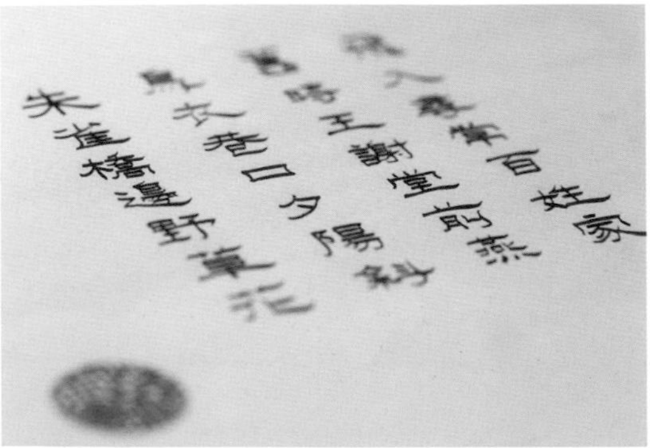

如何開始練習寫字？

初學鋼筆字，首重寫得「慢」，慢才能專注、細緻，可用沾墨的古典鋼筆入門，這樣比較能寫出毛筆筆觸。
至於要選擇什麼字體？一般毛筆都從楷書開始，我的教學經驗，鋼筆從隸書著手也不錯，而行書線條靈活，與日常書寫字體較接近。楷書、隸書、行書，不妨挑自己最喜歡的著手即可。
學寫字，鋼筆優先；自己練字，鉛筆優先。比方在辦公室裡放一枝鉛筆、拿了廢紙就可以寫，又不用換墨水，沒有任何理由成為你不練字的理由；鋼筆是書寫文具之王，本身又是藝術品，鋼筆也是矯正器，可以改變思想與習慣。

心目中的筆款

以教授鋼筆字為主的韓玉青，他的教學流程是先用毛筆示範，把字體線條一一解構、讓學員知道如何下筆，接著他再用鉛筆示範一次，最後是鋼筆。因此他心目中的筆款不是市面上賣的名牌鋼筆，因為大部份鋼筆無法滿足藝術表現所需要的質感。工欲善其事，必先利其器，為了達到更精緻的教學效果，韓玉青花了很多心思投入開發鋼筆筆款，對應不同的課程、字體、藝術表現需要，考據鋼筆發展的歷史以及不同時期鋼筆製作的工藝巧思，從模具開始研發，目前已有十幾款改良設計的鋼筆，針對漢字、西洋書法、古典繪畫、日文等不同課程，學員學起來事半功倍，很有感覺。

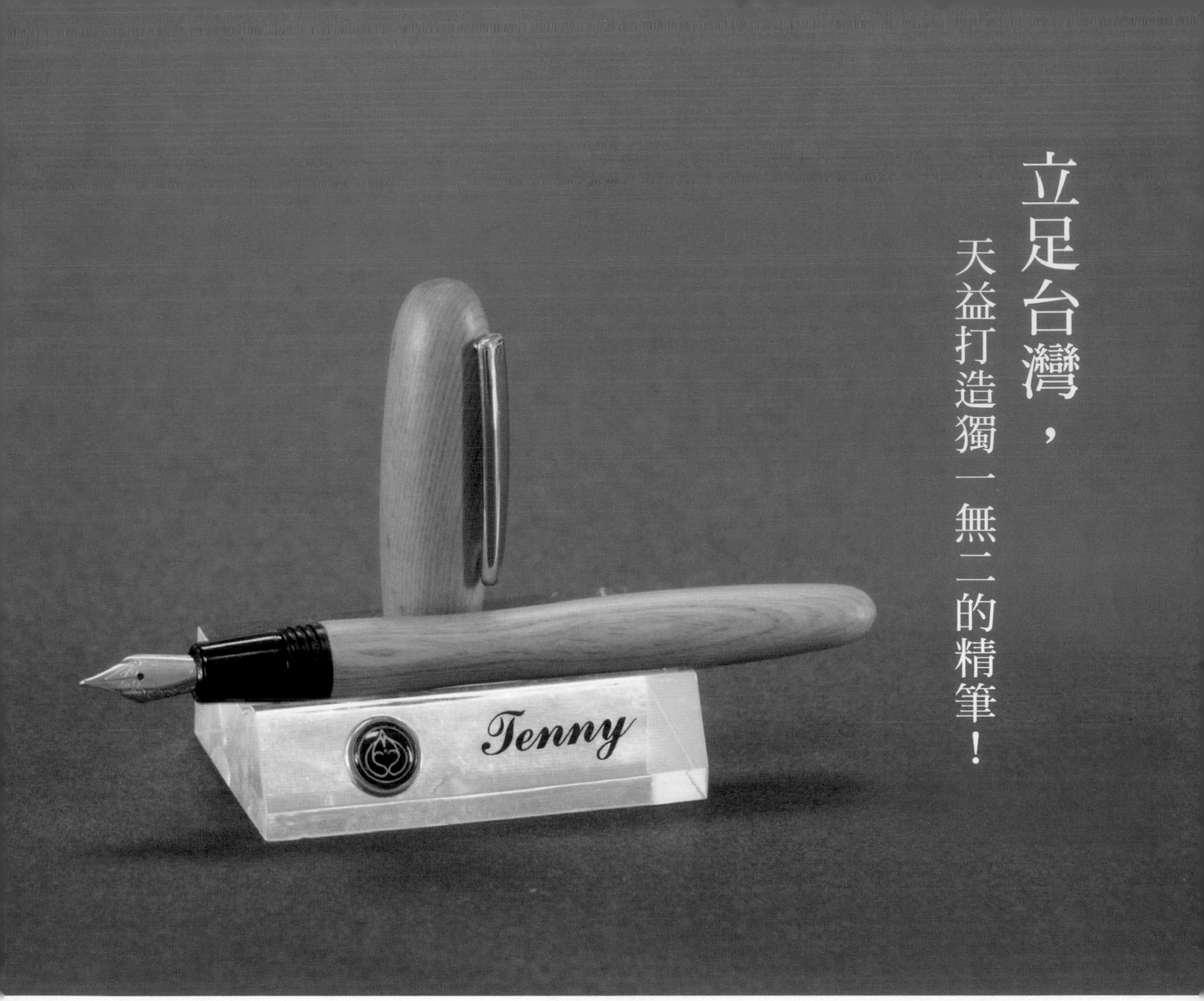

立足台灣，
天益打造獨一無二的精筆！

初次遇見「天益鋼筆」是在臉書的廣告上，木質筆管的設計讓人印象深刻，快速翻過腦袋裡鋼筆品牌的資料庫，從歐美品牌派克、Lamy、輝柏、萬寶龍等，又或者是日本的百樂以及從小就耳熟能詳白金牌，對「天益 Tenny」這名字真是陌生得很，於是 google 了一下「天益鋼筆」，這才發現它是道道地地的台灣品牌，除了筆尖、吸墨器出自德國外，其他所有零件，全都出自天益鋼筆老闆郭冬自先生的手與腦袋。

第一次聽到台灣也有自己的鋼筆品牌時，是非常驚訝的，腦袋免不了會浮現：市場在哪？有多少人寫？怎麼跟國外大廠競爭？品質如何？帶著一連串的問號，趁著這次規劃的專題，我們打算好好認識天益。

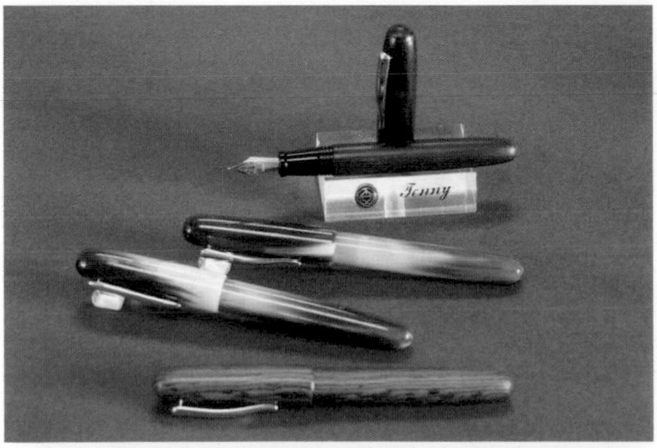

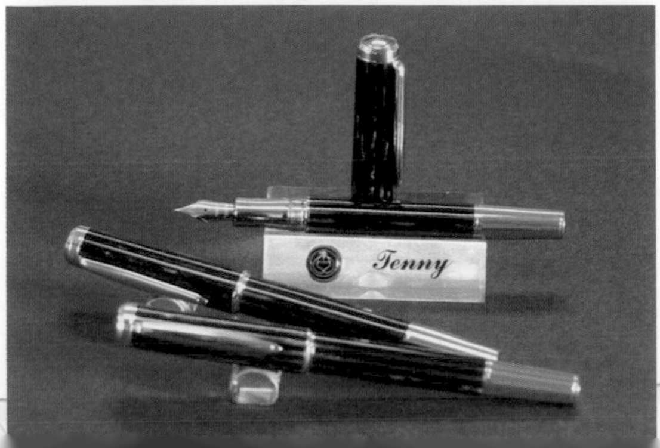

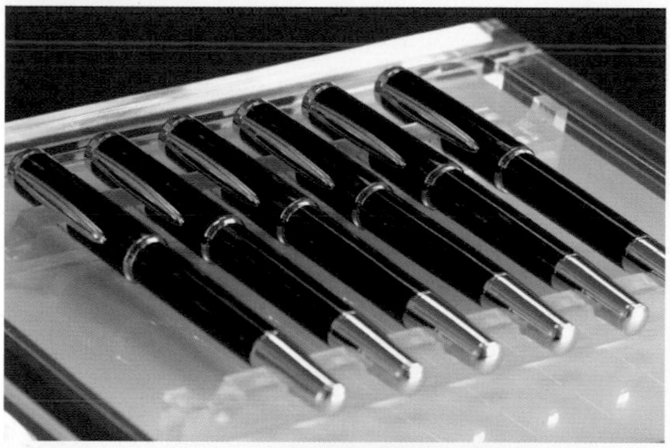

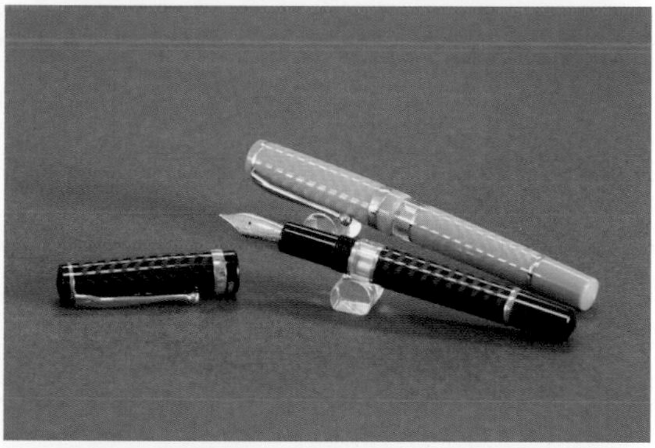

about Tenny

郭冬自最初沒想做品牌，後來想到消費者大老遠從美國買回自己的筆，那何不自己試試？要為品牌取名時，朋友問他想做出什麼樣的鋼筆？要漂亮、品質又好，最好十全十美，取其十的英文「ten」，後面再接個ny字尾，Tenny於是誕生。

天益鋼筆官網：http://tenny-tw.com

天益鋼筆粉絲團：TENNY 天益鋼筆

經銷等事務，郭冬自常常獨自拄拐杖、帶著一拎就走的行李出國到處跑，從俄羅斯到大陸，歐洲再到日本，沒有什麼是他到不了的國度，但郭冬自能這樣到處跑可不是靠爸靠媽為他頂出一片天。五年級前段班的他，正值台灣經濟起飛榮景，許多農村貧戶之子若非寄望升學出頭天，再不就是白手起家創業，郭冬自因為家裡太窮，加上母親擔心小兒麻痺會讓他無法自力更生，因此再三叮嚀他「要學一技之長」，小學畢業後，他就上台北投靠姊姊，找了雕刻工廠當學徒。

當時象牙、珊瑚雕刻很熱門，郭冬自似乎天生就是吃這行飯，學了一年半，就被師傅告知：「可以出道了！」當了師傅以後，變得很搶手，只有小學畢業的郭冬自跟業主開的條件是「晚上不加班，要去上課進修」，就這樣，他去YMCA學了四年英文。「當時我只想念書，我做的東西都要外銷，不能聽不懂英文。」郭自很慶幸當時的選擇與苦讀，現在才有能力一人遊走於世界各國。

他原本以珊瑚、象牙為雕刻素材，但後來這兩樣東西都被禁，不得不轉行，民國70年他開了工廠，專做貝殼飾品，這類飾品外銷很好賣，後來因美元大幅貶值至25.7元，工廠虧損嚴重，郭冬自只得收掉工廠止血，回台南老家另起爐灶。當時他也曾掙扎是否西進大陸，但左想右想，就是捨不得離開台灣，而且他相信留在台灣一定還有可以發揮的空間，只是還不確定是什麼，他先做鈕釦，後來才轉做鋼筆筆管。這回郭冬自一玩就玩了十六年，而且還自創品牌；更有趣的是，就在他跨入鋼筆領域時，是鋼筆被大量電腦、筆電所取代的衰退期，老是逃不了夕陽工業魔咒的郭冬自，一度以為自己可能又快要在鋼筆產業中敗北。

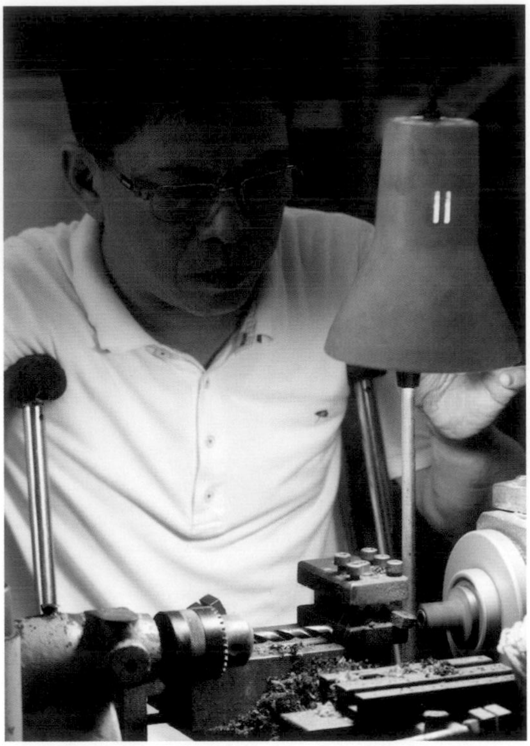

小兒麻痺並未絆住他的雙腳

跟天益約訪，原本理所當然認為就是從台北搭高鐵到台南站，一邊還在找尋如何轉搭客運抵達天益時，聯絡窗口陳小姐非常好心提醒我：「可以搭到嘉義站，郭先生會開車去接妳。」

老闆親自來載？真是受寵若驚。原來，公司位於麻豆與台南與嘉義等距，「可以省點出差費」是天益的貼心。當天上午出了站遇上郭冬自時，才知道他是小兒麻痺患者：雙手拄著拐杖，俐落地帶我上車，駕駛座上的他，根本沒有雙腳不良於行的外顯模樣。

不只如此，做鋼筆十六個年頭，尋找特殊木材、參展、洽談

一樣是文字，書寫與打字大不相同

郭冬自和鋼筆結緣於小學時，學校贈送一枝鋼筆當獎勵，讓他這農村的窮學生開心得不得了，「我不是特別愛讀書，也忘了是什麼獎，當時同學沒有，只有我有鋼筆，一邊寫一邊覺得很驕傲。」

那個年代鋼筆常常是師長餽贈學生的首選之禮，不論畢業是禮物還是比賽獲獎，不少學生人生中的第一枝鋼筆都是因此而來；但現在手機、平板、筆電已經取代鋼筆當獎勵。郭冬自以德國為例分析，德國規定高中以下都要用鋼筆書寫，這不僅可以保護整個鋼筆產業鏈，而且寫字的好處是科技遠遠無法取代的；但台灣發展的趨勢是有原子筆時就把鉛筆扔了，有鋼珠筆就把原子筆丟了，有電腦的時候，就把書也拋棄了，「看看德國為何可以有這麼多鋼筆品牌還在？他們也是科技先進國家，並沒有因為科技腳步把古老的書寫給扔掉。台灣政府不但不重視這一塊，還一度想放棄繁體字，大陸都想來台灣取經繁體字，我們卻不知珍惜。」

郭冬自原本就有書寫習慣，若說選擇自創鋼筆品牌，也的確是帶了點推廣書寫的使命感。他有次去靜宜大學聽課，一位三十多歲的年輕女老師在課堂上教授行銷，同時還不忘提醒學生要寫字，原來是因為有一次這位女老師在黑板上要寫某個字，卻怎麼也想不起來該怎麼寫，學生在台下哄堂大笑，讓她糗得不知所措，從那時起，女教授備課一定改用手寫。

這位女老師忘記字怎麼寫的狀況，的確有醫學研究可以佐證。根據印地安那大學（Indiana Univeristy）心理學家詹姆斯（Karin James）和恩格爾哈特（Laura Engelhardt），讓尚未學寫字的五歲小孩分為提筆寫字、打字和描字三組，結果顯示提筆寫字這組的學習效果最佳，且認字能力好；研究進一步以核磁共振掃描大腦發現，當小孩提筆寫字時，大腦部分區域會呈現活躍狀況，而這些區域正好也是學齡兒童和成人從事閱讀時的大腦活動區域；普林斯頓大學心理學教授米勒（Pam A. Mueller）和加州大學本海默（Daniel M. Oppenheimer）則指出，學生在課堂邊聽邊打筆記，通常淪為打字機，因為打字這行為沒動到大腦，自然不會在大腦裡顯示資訊很重要，因此，打字並未啟動大腦的記憶機制；換句話說，聽完課、打完筆記，所有資料就還給老師了。

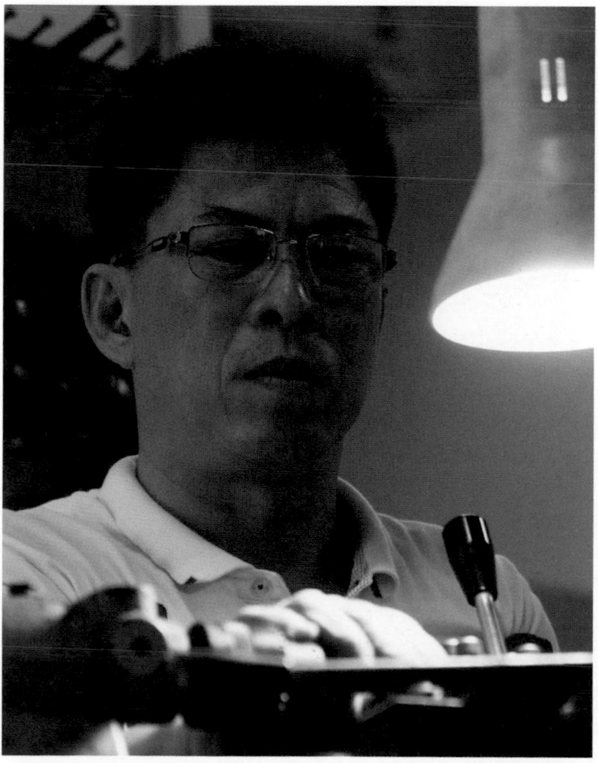

為了打造精筆，嘗試各種木材

郭冬自以製作筆管跨入鋼筆領域，他對筆管的設計與車工特別講究，也希望嘗試用各種不同的木材來製作。他的實驗性格很強，曾經為了測試昂貴的蛇紋木在什麼樣的氣溫下會龜裂，於是把筆分別帶往內蒙與紐約實驗：內蒙攝氏零下27度，一星期裂了；紐約在室內，一個月才裂，「一枝筆這麼貴，我們不能跟消費者說，你不能帶去這個國家或那個國家，一定要研發到帶到哪兒都不會裂才行。」

原本郭冬自想要保持蛇紋木質觸感的筆身，只要上一層薄薄的保護，但怎試都會裂，最後只好上生漆，而且上了五層，把木頭上的所有毛孔都與空氣阻隔開來，這枝要價兩萬六千元的蛇紋木生漆18K金鋼筆（大圓潤系列）於是誕生，也因為生漆的光澤，意外讓鋼筆呈現另一種低調奢華的氣質。這枝純手工打造的鋼筆，郭冬自目前只做出三枝，天益鋼筆有具有如此強烈的實驗性，不用特別強調，握在手中都可以明白幾乎每枝都是「限量版」，每一枝都是郭冬自絞盡腦汁的作品。

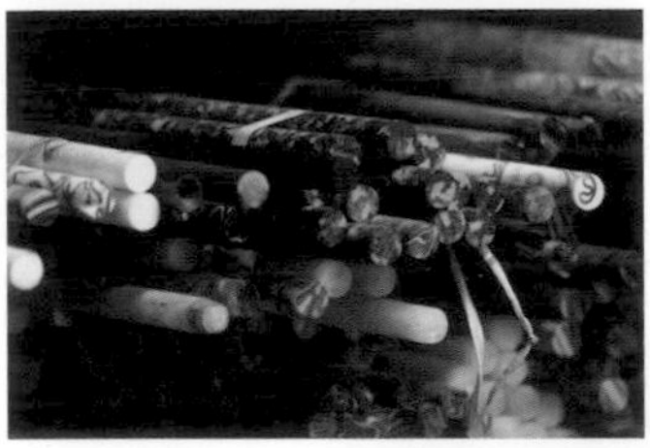

跟國際級的精筆相較，郭冬自相當清楚自己的定位：不跟大品牌競爭，小量產，不用成本便宜更多的射出材質；行銷策略上，他只相信一個原則：使用者寫了覺得好寫，就是好筆；再透過結合文創產業，與在地的文史藝術展場連結，小眾市場打穩基礎才是他的目標。

有了多年的外銷基礎，如今也仍是外銷訂單在養著，「天益」有了這樣的後盾，郭冬自希望這一手打造的品牌可以毫不受限地實現遊戲心與創作欲望並站上國際舞台。

談到鋼筆種種，與郭冬自聊了好幾小時也覺得時間飛快，他是個對生命充滿熱情的人，特別是喜歡這十多年回到老家創業的經歷。問他人生或者事業是否有過極為挫敗與沮喪的時刻？「當然有，我會停下腳步沉澱一下再出發。」他不鑽牛角尖、永遠以開朗角度看事，這與母親的教育有關。「我媽常說，腳不方便有什麼關係？手被綁在後面才是見笑（丟臉），因此行動不便對我的人生沒有很大影響，好手好腳的人要出人頭地都很難了，我一定要比別人認真、付出更多心力，才有機會成功。」

什麼是好的鋼筆？

好筆，關鍵在筆尖。

調節器的精密程度則會影響出墨量。台灣一直有產製筆尖，但就是因為調節器無法更精密穩定，因此筆尖的品質無法提升。目前世界上製作筆尖的來源有德國、印度與中國。德國尖是鋼製，最穩定，即使放上一個月不寫字，也不會斷水；印度尖品質較不理想，中國尖因為多半以鐵為素材，久了可能會有生鏽的情況。現在消費者已經很少或者不寫字了，如果他寫起來還會斷水、會刮，誰還會願意寫字？所以筆尖很重要。

PART 02

自在享受墨韻之美！

瀟灑書寫，快意創作，
一窺文具達人最鍾愛的筆與墨水，
和他們的書寫及創作！

Thank you
Welcome
SAILOR
ジェントルインク
Jentle Ink
～四季彩～

百樂平行筆

最適合拿來練哥德體和義大利體。

哥德體推薦筆寬：3.8mm

義大利體推薦筆寬：24mm

百樂平行筆

文字 ‧ 創作 by 做作的 Daphne
FB 粉絲團：做作的 Daphne

推薦給大家百樂平行筆，作為創作的小幫手，用來書寫變化多端的西洋書法相當適合。對初學者來說好上手，又能享受鋼筆墨水的墨韻之美。最細的 **1.5mm** 和 **2.4mm** 適合用來書寫義大利體，**3.8mm** 適合用來寫哥德體，最寬的 **6mm** 則是寫卡片的好物！

至於墨水，百樂平行筆是出墨量比較豐沛的筆（有時還太豐沛了）。我建議搭配日本寫樂的四季彩墨水，它相較於其他墨水比較不挑紙、不容易暈透，寫感又滑順。

其中我覺得滿實用的顏色是「奧山」，可作為日常書寫用，也可以繪圖用，墨韻變化豐富，搭配百樂平行筆、沾水筆，有時還能看到字的邊緣閃著寶石光澤般的「**sheen**」的美感。

如果能搭配 **ipaper** 進口七號或是進口十三號紙，更能體驗這款墨水的美妙之處。

畫花邊簡單版，只要會畫菱形和蚯蚓線，就能輕鬆上手，三分鐘完成一張卡片。

畫花邊進階版，從「S」變成的花瓣，會了之後可以組合成花草花邊。

1. 比較不挑紙，不易暈開長毛。
2. 滑順好寫。
3. 有 sheen。
4. 墨韻漸層美。
5. 日系墨水，算得上容易購買。

完成。

強烈建議搭配 ipaper：

進口 7 號紙，墨韻漸層明顯不暈不透。

進口 13 號紙，滑順，容易出 sheen。

我的第一支 LAMY

文字 ・ 創作 by 林家寧
FB 粉絲團：吉

最近一直在回想過去，大概也是年紀到了某種階段就會開始的無意識行為，猛地想起那隻孤伶伶躺在抽屜的白金鋼筆，當年的鋼筆推測沒多少人在寫（年紀太輕，腦袋只埋在課本裡，就算流行也渾然不覺吧！），那本文具歷史的書上說鋼筆風行起落總是上上下下，一陣一陣和歷史很像的波動，舉例來說最近好比是大唐盛世，當年就是隋末，大概是這種意思。

事隔多年，孤伶伶的白金鋼筆撐過那段無人聞問的寂寞時期，現在有了各個夥伴相陪，一樣是在抽屜裡，多了 LAMY、微笑、SWAN 還有白金同牌的弟兄，應該比較不孤單了。再度接觸到鋼筆是開始懂選擇的最近幾年，心目中的理想鋼筆始終是 LAMY，除了喜歡那簡潔俐落的外型，三角握位也是選擇原因之一，最重要的還是筆尖。LAMY 比起日系鋼筆寫來筆畫較粗，對於寫字歪歪扭之人如我，是很稱手的書寫工具，筆畫粗一點看起來字比較不歪嘛。再者，LAMY 可以換筆尖，買了幾隻 LAMY 都換成幅寬 1.5mm 以上的藝術筆尖，隨時都可以練習藝術字或是畫畫很方便。LAMY 是一支拿起來寫就能習慣的鋼筆。

我的第一支 LAMY 就是霧黑桿與霧黑筆尖，就這支捨不得換成其他筆尖，霧黑筆尖太好看了，書寫除了手感，視覺上的舒服也是很重要的。為什麼不使用其他專寫藝術字的鋼筆呢？因為 LAMY 最不刮紙啊，不過書寫始終取決個人體驗，除了筆本身，紙墨亦是重大變因。

說到墨水，接觸墨水品牌不多，都是國內常見的幾種，其中最熱愛的要屬 R&K 了，理由無他，就是最喜歡這家墨水的濃稠度和積墨處的變化，渲染開來的顏色漸變極富層次，單一色就足以支撐全場。這次用 R&K 黃金綠作個小盆栽，一邊畫一邊覺得很愉快，細看墨水接觸紙張的瞬間，簡直像有生命的細微變化，多神奇。說來說去，其實就是個死忠心態，鼓起勇氣踏進店門口，用自己賺的錢買下的第一支鋼筆和第一罐墨水，怎麼說都是最喜歡的不會改變。

Platinum Preppy 0.3
本格鋼筆

文字 · 創作 by Rita
Instagram：https://www.instagram.com/ritacyc/

對於沒有使用過鋼筆又想輕鬆入手的人，我推薦「Platinum Preppy 0.3 本格鋼筆」。這是一支超低價，百元有找，卻擁有順滑好寫筆尖的入門鋼筆，一支只要75元。身為左撇子的自己，由於筆劃相反，書寫流暢相對很重要。曾試寫過一些低價位鋼筆，如「Pilot Kakuno」、「Swan Flypen」，表現都不如 Preppy。而直物文房具也曾給它高度的評價：「Preppy 所帶來的書寫感受，就算售價是比它高了數倍的鋼筆也不見得能夠比擬。」可說是完全同意！

每支 Preppy 都附有原廠卡式墨水，如果不喜歡，只要另購吸墨器，就可以裝入其他不同品牌的墨水。而我則是將黃色的 Preppy 裝入目前最愛的墨水之一：「Pelikan Edelstein Amber」。這系列是其品牌較高端的墨水，Amber 是 2013 年的限定色。「好看又好用」是喜歡它的主因。除了流暢度佳、加上即使只是搭配著0.3筆尖的鋼筆，還是能看得出其優秀深淺層次的表現，再來有著優雅如香水瓶的外型，真的令人非常愛不釋手！

對我來說，寫手帳、玩手作並不是
如此療癒，音樂才能撫慰人心。
但不可否認的是，看著那些寫完
一頁又一頁、貼完一本又一本的手帳，那打
從心底的滿足感，確實是其他東西無
法取代的。
Rita C.
INK COLLECTION
PAD
ČESKOSLOVENSKO
10h
CANADA

LAMY 狩獵系列＆三文堂 mini

文字 ・ 創作 by 橘枳
FB 粉絲團：橘逾淮為枳

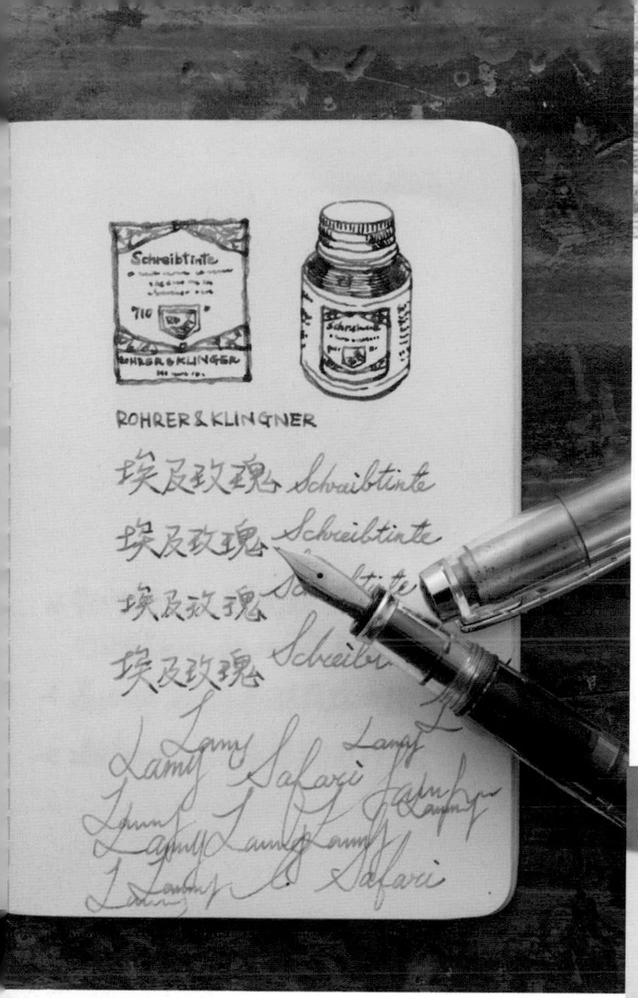

LAMY狩獵系列是我的第一支鋼筆，當初只是想練字，加上預算有限，三角握位讓握筆姿勢不容易跑掉，到店裡試寫覺得不錯就買了。而LAMY還有一個厲害的地方就是顏色眾多，除了基本色外更有每年限定色，這支蘋果綠是2012限定色，在一次腦波很弱的時候被推薦成功，不小心會一色接一色入手，所謂LAMY戰隊就是這樣來的。

另外三文堂mini灌了百利金琥珀，短鋼筆加上透明筆桿，攜帶方便又能看到裡面墨水，只是拿著心情也會變好。

至於墨水，因為畫畫的緣故，起初比較偏好防水墨水，畫完線稿用水彩上色才能保留線條。在一片黑色、藍色墨水之中，發現R&K的埃及玫瑰，這紫色有點陰沉黯淡，第一眼並不吸引人，但因為是鐵膽墨水，放久了氧化後顏色偏紫紅，就是愛上這變化讓我成為埃及玫瑰的「鐵粉」。一般來說灌鐵膽墨水要注意堵塞清洗的問題，不過依照我平常使用的頻率來說應該不用擔心這點。

總之，鋼筆、墨水都是無底坑，能夠享受書寫樂趣就是適合自己的選擇，趕快找支筆寫寫字吧（推坑）。

寫樂的梭形鋼筆

文字 · 創作 by NIN
FB 粉絲團：NIN

鋼筆：

寫樂的梭形鋼筆，喜愛她流線的線條，唯一可惜筆蓋不知如何安置。

墨水：

法國 J. HERBIN 墨水 Pigmented Ink 系列

沾水筆墨水：灰金色

秋日兔子在林中奔跑

這支鋼筆線條很細，適合畫細的東西或點綴細節，也可以在筆記上加上精巧的附註，這次拿來畫小兔子，並用剪刀剪下，如此可隨機放置於畫面中任一角落。
而 J Herbin 這款墨水有大量的金粉沉在底部，如果沒有加金色的話本身是非常淺的灰色。
以整支毛筆沾入瓶中在黑色水彩紙上畫出一朵朵金色的葉子，再用鋼筆點上細節，想像秋日兔子在林中奔跑的情景。

來去日本逛市集

文具、雜貨迷一生至少履行一次的朝聖之旅！

東京「蚤の市」第八回

採訪・攝影 by 潘幸侖

about 潘幸侖

1988 年次，台灣新竹人，目前居住在京都。
網站：http://hsinlunpan.com

舉辦跳蚤市集、出手作相關書籍、經營雜貨、輕食與咖啡的複合式店鋪……以上這些事物，是許多文藝青年的共同夢想，對手紙社來說，他們全部都辦到了！

手紙社的活動企劃案就像是一個源源不絕的聚寶盆，如果你有長期追蹤手紙社的 facebook、instagram 等社群網站，一定會很佩服他們驚人的更新速度與品質，當然不免感到好奇，為什麼他們總是能做出這麼多有趣、好玩的事情？

手紙社為一個編輯團隊，2008 年開始從東京調布市發跡，2012 年註冊為正式公司，目前旗下擁有「店面經營」、「活動策劃製作」、「書本編輯製作」三個事業體系，以及三家實體店鋪「手紙舍」。

「雖然分成三個部分，但團隊內部並未有太明確的業務區隔。」

手紙社成員、同時身為東京蚤の市的負責人加藤周一先生說：「我們的工作就是以個人獨家的方式去構想、去企劃自己也會感到「興奮不已」的事物，將這些事物變得更吸引人，這也是手紙社的工作特徵。」

本次採訪重點就是手紙社主辦的「東京蚤の市」，加藤先生表示，手紙社部分成員曾在調布市舉辦以手作為主的「紅葉市集」，擁有市集的實務經驗。由於團隊成員中有不少人相當喜愛歐洲跳蚤市場的氛圍，希望跳蚤市集的風氣也能在日本生根，因此再次以調布市為據點，著手規劃跳蚤市集。

東京蚤の市自 2012 年開始，每年於春秋兩季登場，至今已來到第八屆，其名氣愈辦愈響亮，逐漸成為日本最盛大、最具有指

標性的跳蚤市場，對古物雜貨愛好者來說，更是一生至少要去一次的朝聖之旅。

每一屆的東京蚤の市都有不同的主題，第八屆以「島嶼」為概念：參展者及表演者宛若「島民」，參觀者則為「旅客」，以這樣的展演方式使現場整體氣氛融合在一起。因此第八屆的市集宣傳海報，就是一座可愛的小島。

「東京蚤の市就像是一座令人怦然心動的寶島，寶島上充滿懷舊且優良的古物，希望大家都能在這座寶島上擁有美好的挖掘寶藏的回憶！」加藤先生說。

你或許會感到好奇，兩天的市集一共吸引多少雜貨迷、古物愛好者入場？答案是約2萬多人！

參與東京蚤の市的店鋪來自日本全國各地，約有220組參展者，有古物家具店、雜貨店、二手服飾店以及舊書店，甚至還有專門修復古董的工作室！在被稱為「麵包市集」的會場中則有來自各地的餐飲店、麵包店或咖啡店。

除此之外，市集上還有音樂會、雜耍表演、脫口秀等等舞台表演活動，更有花藝、木工、活版印刷等可以讓民眾現場自己動手做的workshop，同一時間還有展出北歐雜貨的「東京北歐市集」。如此豐富的市集內容，難怪讓很多人感嘆時間不夠用，真的是一整天也逛不完呢！

沒有辦法親臨現場的話，就來紙上尋寶吧！

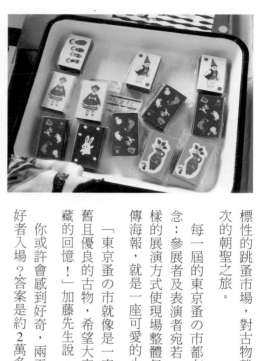

挖掘古董雜貨、家具

雜貨迷做喜歡的玻璃瓶，插上一朵乾燥的繡球花就相當有氣氛了。無論是日本昭和時代的老玻璃瓶，還是歐洲的古董藥瓶，其質感都讓人驚喜不已。古物雜貨的參展者眾多，除非是第一眼看到就非常喜歡，有「非買不可」的決心，不然建議各位可以多逛幾個攤位再下手。

歐洲古董家具用料實在、質感優秀，不像當今的合成塑膠傢俱容易被淘汰，這些老木櫃若是想當作傳家之寶也沒有問題！

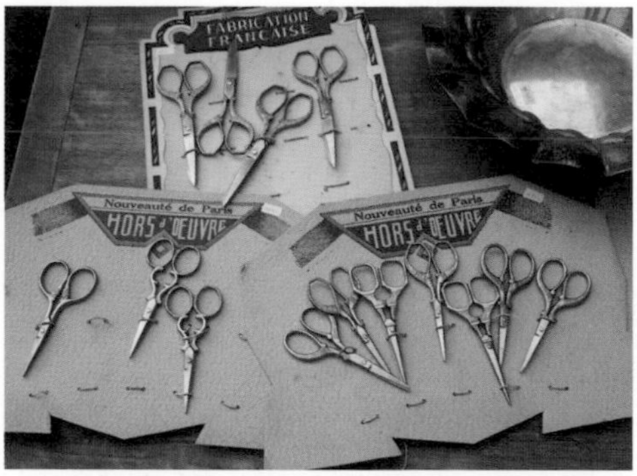

發現古董文具

充滿懷舊感的剪刀、釘書機、沾水筆、墨水，吸引文具迷的目光；來自歐洲各國的紙袋、票券與標籤貼紙是玩拼貼不可缺少的素材，讓人難以取捨。

挑選看中意的文具或是紙雜貨，可以先跟攤主聊聊商品的特色與來源，他們幾乎都很樂意和顧客分享這些古董的背後故事喔！

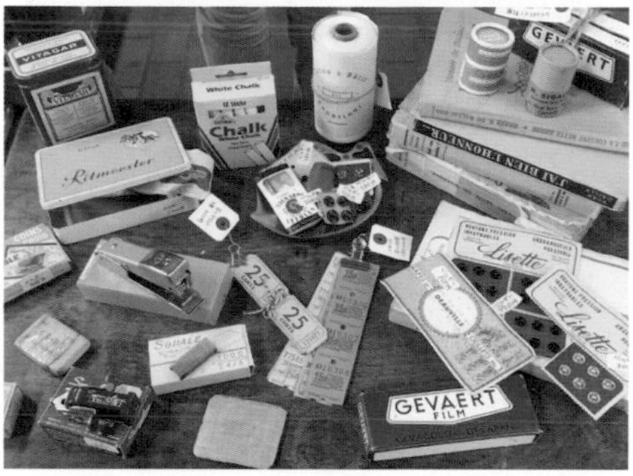

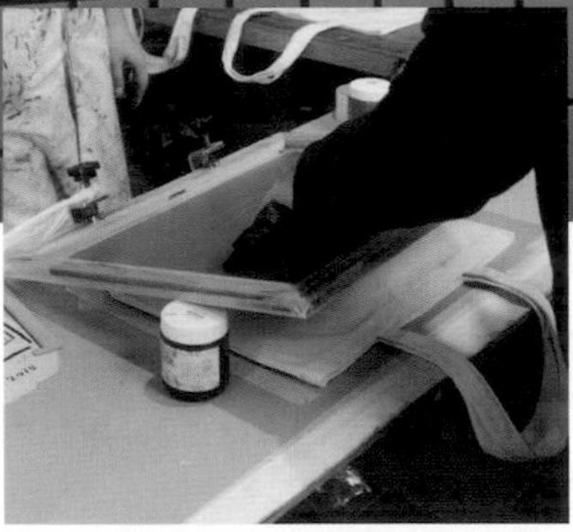

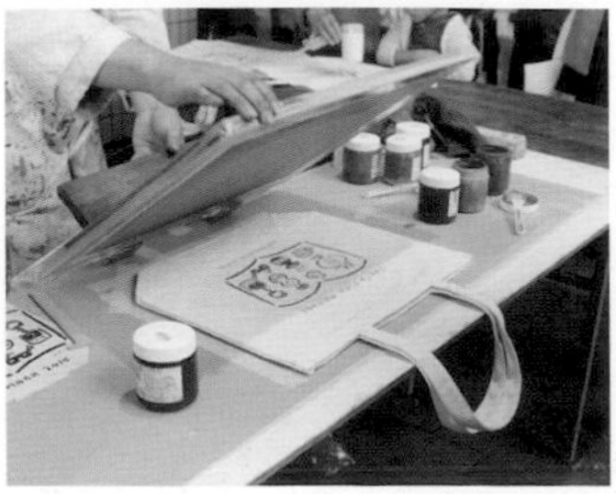

一起來 workshop 體驗絹印的魅力！

來自神奈川縣的「高旗將雄」是一個絹印（又稱網版印刷）工作室，可讓雜貨迷們體驗絹印工作的流程，先選擇自己喜愛的油墨顏色，通過刮刀的刮壓，就能將東京蚤の事原創圖案印在帆布袋上，一次費用僅需要日幣 1000 元！難怪排隊人潮從未停歇，不到中午時段，所有帆布袋均已製作完畢。

高旗將雄 http://masaox2006.xxxxxxxx.jp

手紙舍

將手紙舍原創商品帶回家！

手紙社的實體店鋪「手紙舍」也是熱門攤位，販售手紙舍的原創商品如明信片、郵票、紙膠帶，更有東京蚤の市限定的磁鐵等等紀念品，適合作為伴手禮。

水縞

文具品牌「水縞」是文具迷絕對不能錯過的攤位！喜歡水玉圖案的設計師植木明日子小姐和喜愛條紋的 36 Sublo 店長村上幸小姐兩人一起創立此品牌，簡單的幾何圖案或數字，創造出充滿品味的紙雜貨，如信紙信封組、包裝紙與紙袋。以相撲選手為主角的「西東」系列，則是代表關東出生的植木小姐與關西出身的村上小姐。

水縞 http://mzsm.jp/index

夜長堂

來自大阪的「夜長堂」負責人井上タツ子小姐擁有大阪人熱情開朗的性格，喜歡古物的她網羅了日本大正、昭和年間等商品或衣服內裏的圖案，例如睡著的貓咪、日本相撲、兒童玩具等等，這些圖案在當時是相當流行的，時過境遷後，則是充滿濃濃的復古情懷。

井上小姐將這些圖案發展為手帕、包裝紙、紙膠帶等系列商品，喜歡紙製品或是布雜貨的你，千萬別錯過。

夜長堂 http://www.yonagadou.com

ハチマクラ

在市集上遇見特色文具店。

以販售古紙、文具與雜貨著名的文具店「ハチマクラ」，擁有日本國內懷舊的包裝紙、紙袋，也有來自國外的古書內頁、古地圖、車票、郵票等等，身為紙張愛好者的你，一定會喜歡上這裡！

ハチマクラ http://hachimakura.com

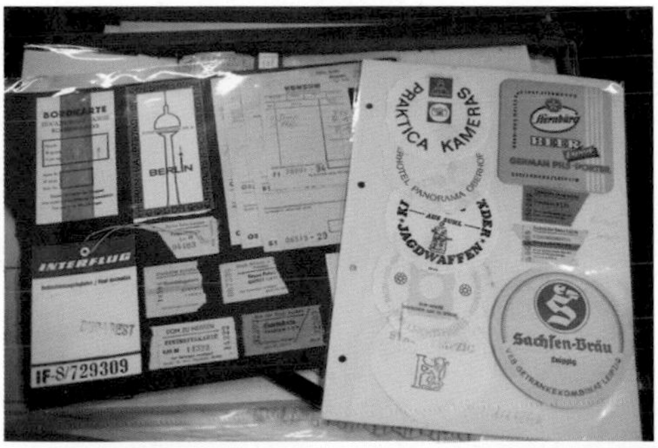

一起享用美味的輕食與咖啡吧！

若是逛累了，不妨前往咖啡輕食區，這裡有好吃的咖哩飯、義大利麵，更有甜點、麵包、咖啡等攤位，可以在市集角落找個位置坐下來，度過悠閒的下午茶時光。不少食品攤位的佈置十分用心，打造出像是一幅畫的美麗氛圍。在品嚐食物的時候，別忘記一同欣賞他們精心打造的行動餐車或是料理檯。

東京蚤の市

官　　網：http://tokyonominoichi.com/
時　　間：每年春秋兩季各舉行一次，確切時間請注意官網的公告。
門　　票：500円（小學生免費入場）
地　　點：東京都調布市多摩川 4-31-1　東京オーヴァル京王閣
鄰近車站：京王線「京王多摩川」車站

Japan

ハルカゼ舍 春風舍
PUNPUKU堂
TONARINO
PLASE.STORE

Tainan

OOUUU
ILIFE DESIGN
天德行

NEWS & SHOP

STATIONERY

Stationery Shop 1

ハルカゼ舎
春風舍

佇立在小鎮的商店街上，宛如鄰居般親切的文具小店。

採訪 ・ 攝影 by 潘幸侖

ハルカゼ舎

對大多數來到東京的觀光客來說，小田急小田原線上的「經堂站」是一個陌生的站名，比不上知名的新宿、池袋、涉谷、吉祥寺，也不像近來興起的清澄白河站般炙手可熱，但是這裡是我相當喜愛的散步地點之一。

從經堂車站北口走出來，即可看到一條狹窄的馬路，也就是すずらん通り商店街（鈴蘭通商店街），這裡聚集許多充滿個人特色的雜貨店、咖啡店、畫廊等等。少了大批觀光客的緣故，鈴蘭通商店街氣氛是悠閒愜意的。和通勤的高中生、提著菜籃的家庭主婦一起漫步在商店街上，彷彿更加貼近在地人的日常生活。

小巧雅致的文具店「ハルカゼ舍」正是位於充滿親切感的鈴蘭通商店街上，ハルカゼ的意思為「春風 HARUKAZE」，令人不免好奇為何會想命名為春風呢？店長間瀨省子小姐表示，她到開幕前都還在煩惱店名，因為自己出生在春天、非常喜歡春天這個季節，加上想要使用日文的店名，靈機一動就想到了「ハルカゼ」了，店名最後的「舍」字則是間瀨小姐的朋友取的。

在還沒有開店以前，間瀨小姐曾在民俗風雜貨店工作很長一段時間，後來在機緣下決心自己開一家店鋪，由於文具是她最喜歡的部分，所以決定朝文具店的方向前進。雖然現在的春風舍也有一部分的雜貨商品，不過還是以文具為大宗。

從店內陳列的文具商品可看出間瀨小姐在選品上的用心與堅持，例如日本經典老牌的燕子筆記本、來自大阪的原創品牌 Charkha 的信封袋、源於福岡 HIGHTIDE 公司的 nahe 文具透明收納袋……幾乎是網羅了日本各地的好物。國外文具品也占了一定的比例，像是捷克的 KOH-I-NOOR 經典橡皮擦、Centropen 原子筆，在這裡也可以買到。

「因為春風舍位於小鎮的商店街，我想要經營的是任何人都可以輕鬆走進來的文具店。有些文具是不分男女老少都會喜歡的，我個人也偏好這樣的文具喔！我希望無論是哪個年齡層的男性客人或女性客人走進店裡，都能從這些文具中得到樂趣。」

秉持這樣的理念，間瀨小姐精挑細選許多可愛的、懷念的、有趣的文具商品，然後寫信給廠商洽談進貨事宜，經過長期的努力，逐漸打造風格獨樹一格的文具店。

近期的春風舍更加入了許多作者原創的個性化文具，像是手作作家荻原奈美老師所設計的拼貼風年曆、便條紙，美術作家保手濱拓老師的年曆本……等等，這些獨特、少見的商品讓人在店裡流連忘返，捨不得離開。

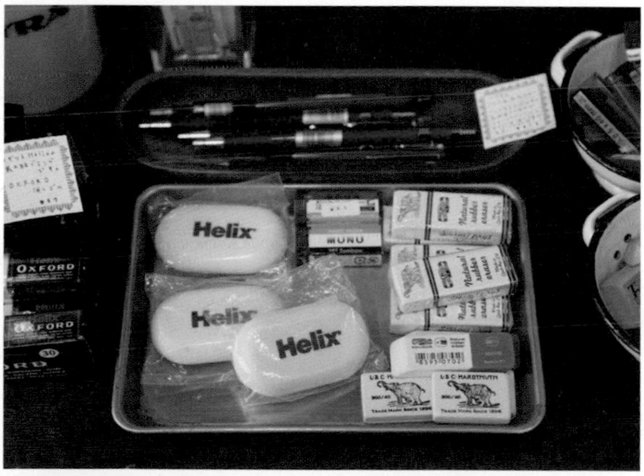

春風舍從2009年1月29日開幕到現在已邁入第七年了，這麼多年下來有什麼感想呢，我最後請問間瀨小姐這個問題。

「嗯……過去開店的6年中，經常可以一窺客人的人生，例如以前個子嬌小的小學生，來到店裡選購鉛筆，現在已經是亭亭玉立的高中生了，每天都感受得到時光的流逝呢！」間瀨小姐笑說。

儘管歲月飛逝、物換星移，但是我想間瀨小姐認真、細心挑選商品的態度，以及她溫暖的說話方式，是一路以來不曾改變的吧。深深希望，像春風舍這樣深具個人特色的文具店，今後也會一直存在於鈴蘭通商店上。

店長推薦的文具商品（以下價格均為未稅價格）

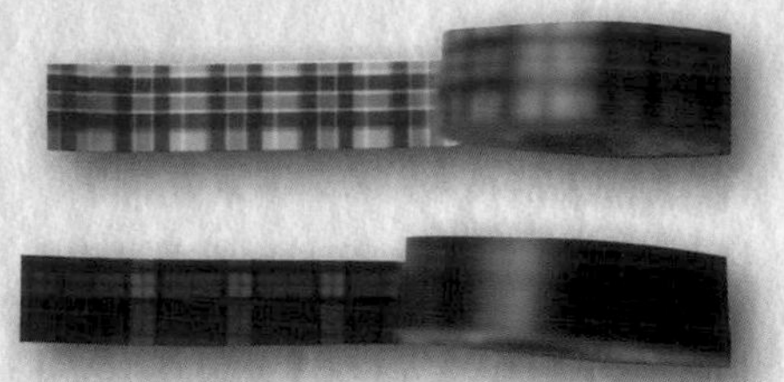

1. 原創紙膠帶（軍用格紋、蘇格蘭紋）。
上 ￥417 下 ￥380。

2. 原創皮製鉛皮套
有多款顏色可選擇，上方印有春風舍的 logo，每個 ￥500。

3. 燕子筆記（春風舍特別訂製款）
左下角印有春風舍的 logo，每本 ￥250。

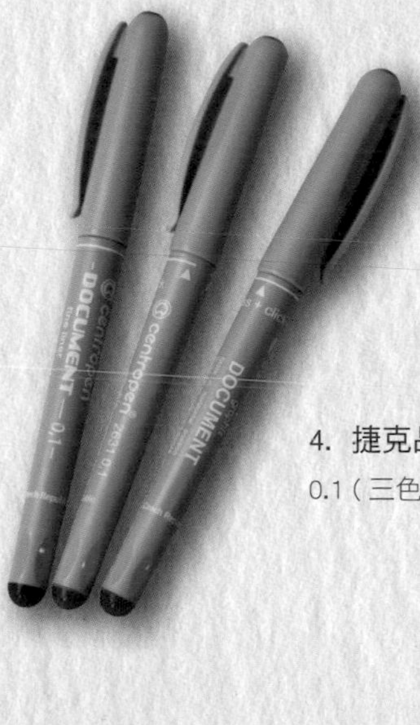

4. 捷克品牌 centropen 原子筆
0.1（三色），每支 ￥200。

5. 刻有日本文豪名言錦句的原創鉛筆
每支 ￥139。

店長的文具私物

間瀨小姐認為文具對她來說是工具，也可以說是「讓日常生活稍有樂趣的夥伴」。平時沒有特別蒐藏哪一類的文具，但說不定最喜歡的是筆記用品，筆袋內有不少藍色系的筆。

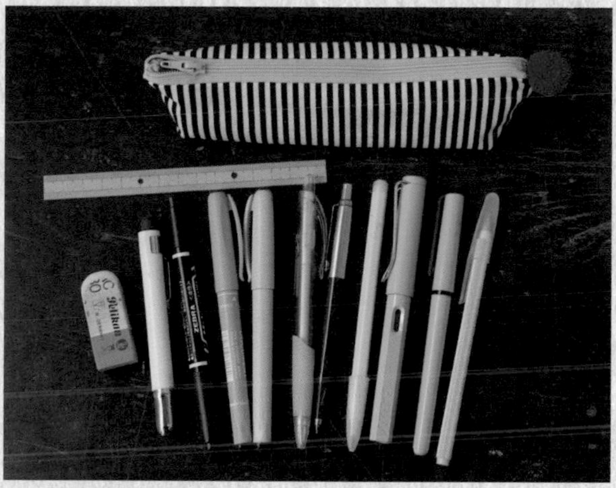

我在春風舍的戰利品

荻原奈美(Nami Ogihara)原創布製筆袋，每個￥1620(含稅)。

使用德國、泰國或日本布料製成的筆袋，別看體積好像很小，實際上可以放八～十支的筆，容量相當驚人！筆袋加上小小的毛球，更顯得可愛，令人相當煩惱要選擇那款花色…最後選了粉紅色會花圖案的（附帶一提，荻原老師所開設的雜貨店 stock 也在鈴蘭通商店街上喔！）。

春風舍手繪明信片，每張 ￥150。

這是春風舍滿二週年時，住在附近的小男生（時值小學二年級）所繪製的明信片，可愛質樸的線條，將春風舍如鄰居家的親切感表現得淋漓盡致。

ハルカゼ舎

地址：東京都世田谷經堂 2-11-10
電話：03-5799-4335
網站：http://harukazesha.com
營業時間：12:00 ～ 20:00
定休日：每星期二、每月第一＆第三個星期三

ぷんぷく堂
LINE@
POST

PUNPUKU堂

採訪・攝影 by 潘幸侖

文具愛好者的「夜生活」！

晚上七點開始營業的文具店。

ぷんぷく堂（PUNPUKU 堂）

自 2013 年開始文具店的採訪工作以來，為了能在光線充足的環境下拍攝好看的照片，且不打擾到其他客人的購物時光，我通常會與店長約在開店前的一小時，通常是中午 12 點以前完成拍攝工作。位於千葉縣市川市的ぷんぷく堂（PUNPUKU 堂）是少數的例外，因為這是一間位於住宅區、晚上七點才開始營業的文具店。

「咦，晚上七點才開始營業？這時間會有客人嗎？」

「為什麼要這麼晚才開店呢？」

想必許多人聽到營業時間以後，心中一定產生這些疑問吧，PUNPUKU 堂的店長櫻井有紀小姐也常常被客人們問到這個問題，對此她微笑表示：「晚上才營業的文具店，光聽到這句話就會覺得很有意思，不是嗎？」

三坪大的店裡擺滿六百多樣文具與原創商品。

事實上，櫻井小姐向來對「鉛筆」情有獨鍾，特別喜愛蒐集昭和時代的鉛筆，大約十幾年前就想要開設一間販售鉛筆的文具店了。因為白天在大姑經營的雜貨店工作，只有晚上有空，所以決定要開設「夜間營業的文具店」。

自 2012 年 4 月 23 日開幕至今，面積不到三坪的 PUNPUKU 堂擺滿六百多樣文具與原創商品，充滿古早味的鉛筆是主力商品，這些鉛筆很難在一般的文具店找到，另外，櫻井小姐不定期會進一些古董文具，等待有緣人來挖寶。

紙袋、便條紙等紙製品，則是藏在展示架上的抽屜櫃裡，將抽屜拉出來尋找心儀的文具，往往等到回神時才發現時間已過了大半了，這樣的購物樂趣是網路商店無法取代的。

開設「夜間營業的文具店」圓自己夢想的櫻井小姐。

藏在展示架上的抽屜櫃裡的紙袋、便條紙等紙製品。

小小的空間彷彿一種魔力，可以將店主與客人的情感聯繫在一起，隨意拿起架上的一支鉛筆把玩，櫻井小姐都會親切地為顧客說明其商品特色甚至是歷史故事。

「來店的客人幾乎都是為了採買文具而來，但是也有為了跟我聊天而來的客人，還有客人帶著自豪的文具來跟我分享，甚至也有跟我傾訴煩惱的客人……這是一間相當不可思議的文具店喔！」

聊天話題在不知不覺從文具商品擴展到彼此的生活近況，這樣毫無距離感的輕鬆氣氛吸引到許多人，難怪店裡常常聚集許多熟面孔，無論是剛下班的上班族、還是剛忙完家事的家庭主婦紛紛來到店裡，藉著文具療癒一整天的疲勞。

PUNPUKU堂不只是在營業時間有獨特之處，令人驚訝的是櫻井小姐在47歲左右才開設這家文具店，對許多人來說，年近半百往往已是準備規劃退休的時刻，選擇在此時做出重大改變的人相當稀少。這一切起源於櫻井小姐的長女，她在高中三年級時果斷地和母親表達：「我不打算上大學，高中畢業就要去工作了。」

「長女出社會，意味著要以社會人士的身分離開家裡，開始過獨立生活呢！我心想自己也要準備『養育孩子』這個階段畢業了，從今以後要以鋪設自己的道路為優先。」櫻井小姐說。

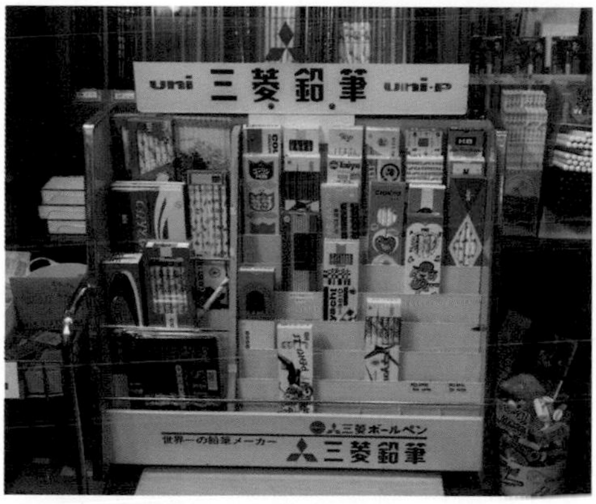

古早味的鉛筆是主力商品。

於是她決定將長女一部分的學資保險作為開店資金，開設了夢想中的文具店，實踐長久以來的心願。中年時才開始創業，是否會感到不安呢？

「創業至今雖已將近四年，但我沒有不安的地方，主要是因為當初開店時便下定決心，最少要努力五年以提升知名度，現在還有時間繼續加油。」

櫻井小姐用許多方式來提升店鋪的能見度，例如定期更新Facebook、twitter等等社群網站；創立交換文具情報的社團；不定期舉辦文具交流活動。透過多管齊下的方式讓更多人知道ぷんぷく堂。另外，櫻井小姐在經營模式上也有一些自己的堅持，例如店內不會做折扣促銷的活動。

「不以價格取勝，而是專注在尋找絕版商品或優良商品這件事情上。」她以堅定的神情說。

日本的商店普遍很早就打烊了，晚上七點是多數店家紛紛拉下鐵門準備休息的時刻，但此時PUNPUKU堂的一天才正要開始，對櫻井小姐來說，她精彩且充實的人生下半場也才正要開始呢！

店長最推薦的店內文具。

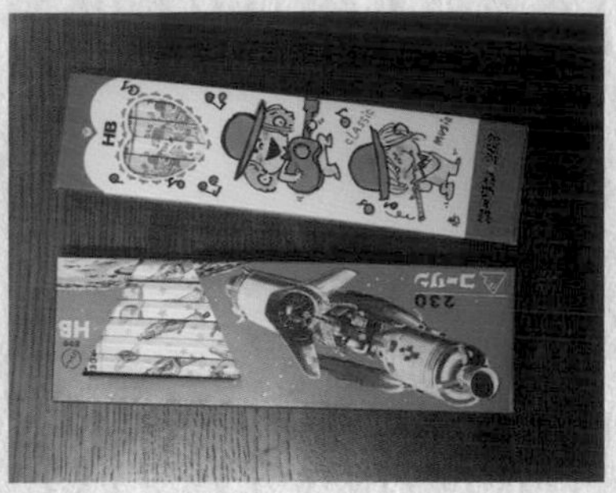

昭和時代的盒裝鉛筆（以現場款式為主，一整盒的鉛筆數量不多，照片中的款式均已售完。）。

原創商品 － B6 板夾＋方眼便條紙。每本 ￥1100（僅剩 20 餘冊）
已經停產 B6 大小的紙製板夾，這些板夾都是職人親手製作，相當珍貴，板夾下方兩側有彈性繩子固定紙張，防止紙張翹起，相當貼心的設計。

吃薯片的女孩（左）＆ OL（右）紙袋 ￥160。

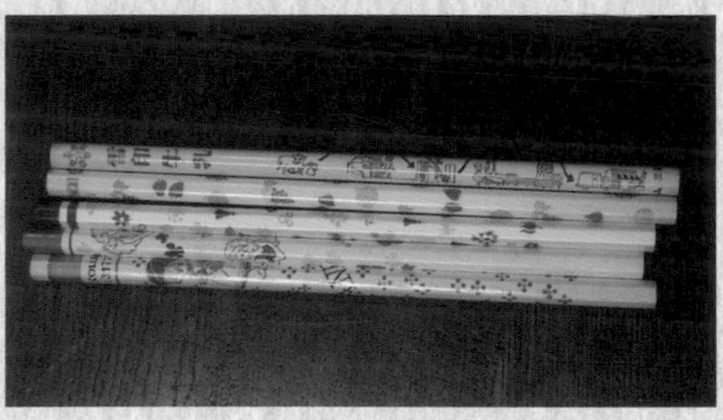

昭和時代的鉛筆，看到喜歡的圖案要立刻下手，單支 ￥80 起。

原創商品 － 直式出席簿。￥700（限量 300 冊，目前僅剩 20 餘冊）
日本學校、企業會使用類似這樣有綁繩的筆記簿來登記學生、職員的出缺勤，稱為「出席簿」，現在幾乎改用電腦記錄來代替過去的出席簿了。一般的出席簿為橫式設計，此本為直式設計，內頁為方格便條紙。

ぷんぷく堂（PUNPUKU 堂）

地址：千葉縣市川市八幡 5-6-29（距離京成本線「京成八幡車站」約 7 分鐘路程）
電話：047-333-7669（營業時間內接聽）
營業時間：星期一、二、四、五、六 19：00 ～ 22：00
每月第一個星期日＆國定假日 12：00 ～ 19：00
網站：http://www.punpukudo.jp

店長的文具私物

櫻井小姐認為，這個世界上有「不使用電腦的人」，但沒有「完全不使用文具的人」。正因為如此，會想要選擇並使用自己所喜歡的文具。

對她而言，文具是「創造心動時刻的物品」。

LACONIC 手帳
記錄每日的生活。

分裝的紙膠帶、紙袋、便利貼等等妥善地收在本子裡，這些都是櫻井小姐常常會使用到的文具。

HIGHTIDE 的 nahe 收納袋
用來裝明信片與筆記本等等。

Stationery Shop 3

TONARINO

文具と雑貨の店トナリノ
貼心的送禮提案，將文具包裝成充滿驚喜感的福袋。

採訪 ・ 攝影 by 潘幸侖

トナリノ

東京中央本線上的吉祥寺站是廣大雜貨愛好者的必逛之地，位於吉祥寺旁邊的西荻窪車站周遭，也有一些充滿個人風格的雜貨店，讓人很想推開門走進去一探究竟。例如販售服飾、配件與生活雜貨的poefu（ポエフ）、crouche（カル—シュ），或是擁有美味的蛋糕Khanam（カナム）。西荻窪和吉祥寺的氛圍很不同，店鋪與街道多了幾分古色古香的感覺，幾乎都是由個人開設的小店，少有大型連鎖店鋪。

文具店「トナリノtonarino」就位於西荻窪車站附近，從車站的南口徒步10分鐘左右即可抵達。這家擁有可愛小鳥招牌的文具店，是由安田小姐和豊島小姐兩人共同經營，兩人是大學時代的好友，自2013年5月開幕，店齡未滿三年，還是一家正在慢慢發芽茁壯的小店。

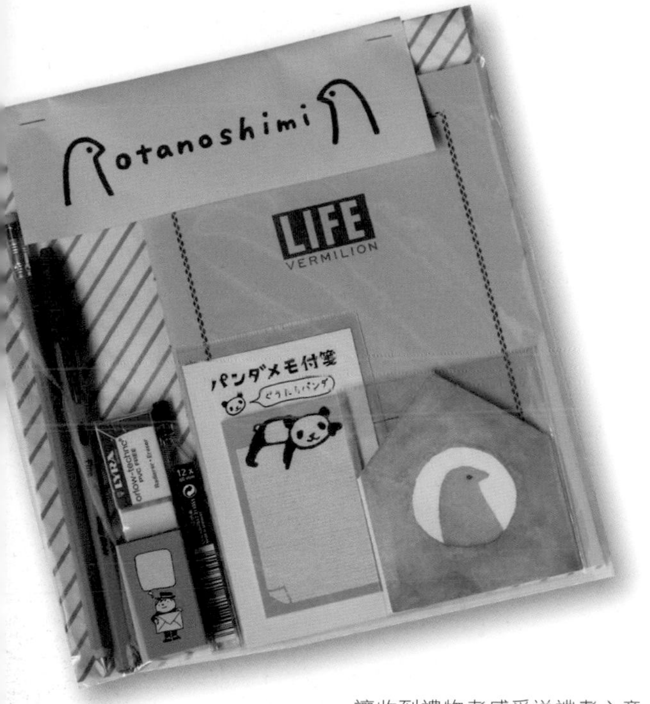

讓收到禮物者感受送禮者心意
的貼心包裝服務。

「今年是從事文具業的第三年，在此之前是從事服飾及雜貨銷售的店鋪工作。我很喜歡文具，以前下班後常常會繞到文具店逛逛、採買，至少每週去一次，當時就有好想在文具店工作的念頭。」負責接待我的安田小姐表示。

tonarino 的店裡放滿筆記本、筆、筆袋等等實用的辦公文具；紙膠帶、印章、印泥等，手作時會用的文具也相當豐富；另外還有豐島小姐設計的原創文具，像是可愛小鳥插畫的貼紙、卡片、明信片。

店裡商品的種類橫跨不同世代，無論是小孩子愛用的和菓子造型橡皮擦，還是充滿成熟感的卡達自動鉛筆，在這裡都可以找到。

安田小姐說：「店裡網羅了『想要一直帶在身邊』的文具或雜貨的店鋪，以每個人都會使用到的文具為主。文具是很貼近日常生活的雜貨，如果顧客會因為擁有這樣文具而感到開心，或是感到生活變得更豐富了，那就太好了。」

最讓人開心的是 tonarino 還提供免費的禮品包裝服務，可以將自己挑選的文具、雜貨包裝成一袋，這一袋袋的文具組合充滿「文具福袋」的感覺，除了可以傳遞送禮者的心意，也能展現送禮者的品味。看到包裝完畢的文具福袋，要把它送出去，還真有一點點捨不得呢！

如果不知道該如何挑選商品，可請教安田小姐，她會根據你的預算或喜好給予意見，店內也有已經包裝好的文具組可作為參考。

採訪當天，店內有住在附近的家庭主婦，詢問安田小姐：「可否推薦店裡有哪些文具適合送給十歲左右男孩，作為生日禮物？」安田小姐立刻熱情和對方介紹好幾款文具，最後也將客人所挑選的禮物仔細包裝。我想這就是 tonarino 的魅力與精神，擁有豐富的商品以及貼心的服務。

對安田小姐來說，開店不只是滿足自己想在文具店上班的心願，更增添了人生的豐富回憶。

「曾經有一位常常來店裡的小學生對我說，將來我也想開像 tonarino 一樣的文具店，當下真的很開心。」她說。用心經營的店鋪成為其他人憧憬的場所，那樣雀躍的心情是難以言喻的吧！

tonarino 不時會舉辦迷你手作體驗課程，或是滿額贈活動，例如購物買一千日幣以上可獲得一張原創明信片。儘管 tonarino 位於西荻窪裡平凡的小馬路上，但早已成為許多文具迷們會一來再來的愛店了。

有小學生會喜歡的鉛筆，也有大人想要搜集的懷舊鉛筆。

店長最推薦的文具（以下價格均為未稅價格）

centropne 的鋼珠筆

來自捷克、歷史悠久的文具品牌 centropne 的鋼珠筆，有黑、紅、藍三色。 每支 ￥190。

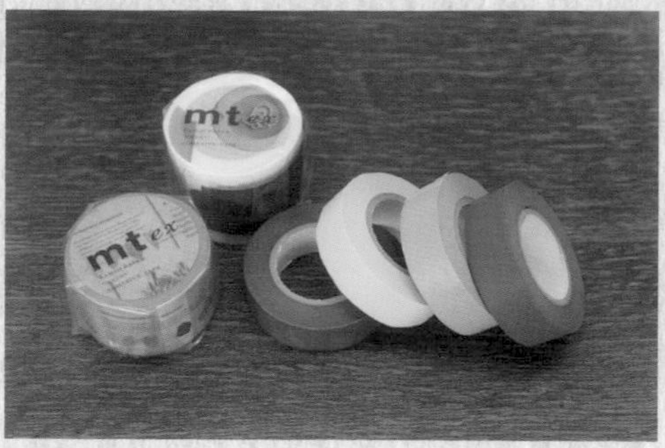

mt 和紙膠帶

不論是素面或是有花樣的款式都各有擁護者，每款￥130 起。

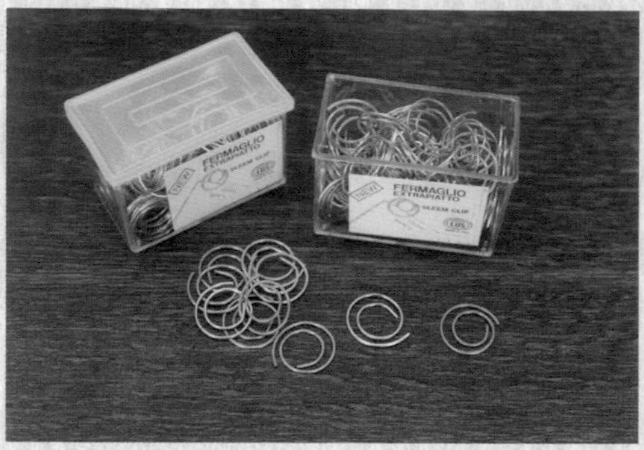

SLEEM CLIP 漩渦狀迴紋針

來自義大利一家辦公用品公司 MONDIAL LUS 所推出的商品，漩渦狀的迴紋針相當特別，可以很輕鬆地把文件夾起來，一盒一共有 100 個。每盒 ￥170 。

Life 筆記本

懷舊的設計，風格洗練，有方眼、橫線等不同內頁可選擇（A6 尺寸 ￥180 / B6 尺寸 ￥200）。

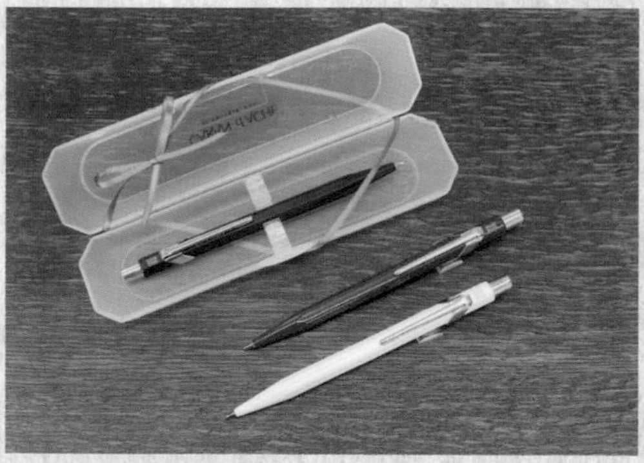

卡達 849 自動鉛筆

附有包裝，送禮自用兩相宜。每支 ￥3000。

文具と雑貨の店——トナリノ

地址：東京都杉並區西荻南 1-18-10
電話：03-5941-6946
營業時間：11：00～20：00
定休日：每月第一、第三個星期三
官方網站：http://tonarinobungu.web.fc2.com

店長的文具私物

Midori 的 Traveler's Notebook 是安田小姐的愛用品，因為偏愛紅色系，所以筆袋裡有不少紅色或桃紅色的筆。紅色純棉帆布筆袋是 Marimekko 家的。

安田小姐說：「文具對我來說是不可或缺，且可以增添生活樂趣的物品。很喜歡筆類文具，尤其是可以使用很久、或可以維修的鋼筆，除此之外也蒐集了很多像玩具般的小型削鉛筆機。」。

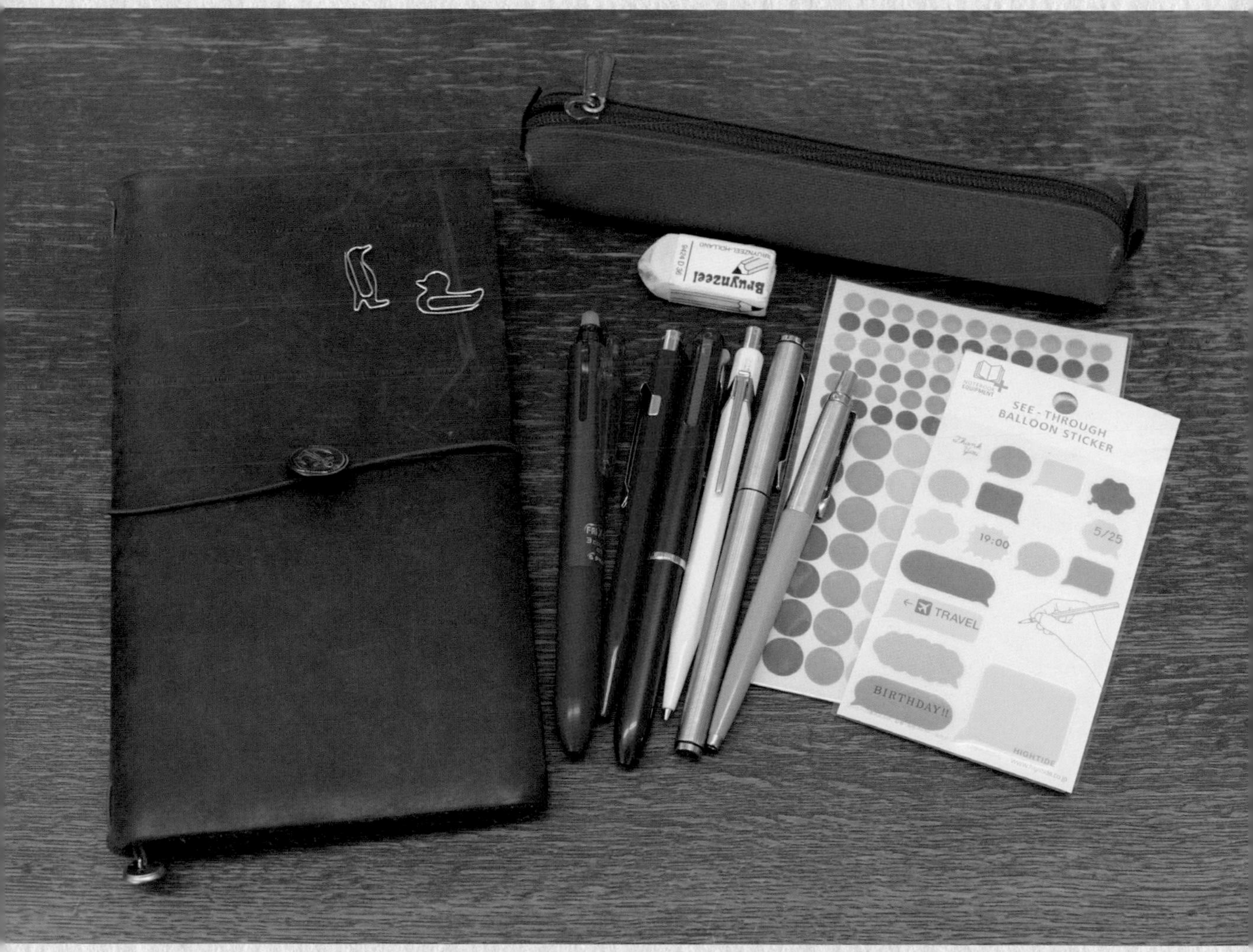

Stationery Shop 4

PLASE.STORE

店長是隻可愛的柴犬 !?
小鎮上的快樂文具店。

採訪 ・ 攝影 by 潘幸侖

PLASE.
STORE

位於福岡城南區城鳥飼，是一個讓人感到舒適的小鎮，在這個看似平凡無奇的小鎮上，有一家雖然小小、但是充滿質感的文具店PLASE.STORE，於2011年2月開幕，至今已滿三年了。

PLASE.STORE的店長相當特別，是由一隻可愛的白色柴犬擔任，名字為「つくし」，牠是女生喔！老闆高山啟太先生是福岡在地人，同時也是一位愛狗人士，他說，因為つくし很討厭看家，所以每天都會把牠放在寵物袋裡，背著牠騎腳踏車來到店裡，於是つくし就這樣成為店長了。「つくし很重，背著牠是一件很辛苦的事情啊……。」高山先生一邊摸著つくし的頭、一邊笑著說，看似是在抱怨的話語，其實透露出他對這隻狗狗的愛。

つくし待在店裡時，絕大多數時間都是躲在袋子裡睡覺，但若是看到其他客人帶來的狗狗，就會立刻離開袋子和同類玩耍。取材期間，剛好遇到一位熟客牽著臘腸犬直接走入店內，兩隻狗兒們就熱烈地玩鬧了起來，不論是主人、客人還是寵物們，都開始了熱絡的交談，我想如此輕鬆的氛圍，絕對是PLASE.STORE的魅力所在。

總是滿臉笑容的高山先生，正在和客人推薦好用的鉛筆。

提到店名的由來，高山先生是這樣解釋的，plase. 是把 please 與 place 這兩個單字拼在一起的詞彙，代表「讓人歡喜的場所」、「讓人快樂的空間」的意思，並將其與 STORE 組合，也就是「PLASE.STORE」的來源了。的確如此，光是看到店裡色彩繽紛的擺設，就令人感到心情開朗。

店裡的商品都是高山先生嚴選，包括「つくし文具店」的鉛筆和鉛筆盒、「min perhonen」的筆記本、來自德國的 LYRA 鉛筆以及 LAMY 鋼筆以及 Schleich 動物模型。由於是小鎮上的文具店，所以高山先生會傾聽當地居民的需求，陳列居民想要購買的商品，但高山先生也笑說：「我還是只擺設自身喜好的東西喔，一定要自己也認為這樣商品不錯，才會放在陳列架上。」。

也因為是在地的文具店，店裡的客人從小學生到家庭主婦、社會人士都有，許多客人會在下班或放學後的路上，來店裡和高山先生閒聊幾句。高山先生回憶說，曾經有一位在附近打棒球的少年，會直接就把腳踏車騎進店裡，在店裡繞了個幾圈逛完後才離開，能夠在狹小的店面騎腳踏車，不會碰到商品，需要極高的技巧，因此還有客人特地來看這位少年，這位少年也彷彿成為當地的知名人物。

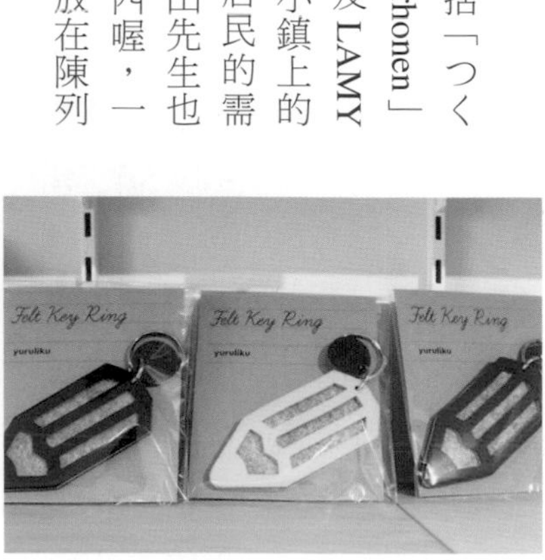

值得一提的是店鋪的logo，可別小看這個線條簡潔的logo，裡面可是擁有許多含意呢！這是高山先生委託設計師朋友設計的，從正面來看，特別把字母「A」修改成像是「天線正在做發送訊息」的感覺，因此在上方加上一個對話框。logo在九十度迴轉後，看起來會像是小鳥的嘴巴正在說話的模樣，代表「這裡是會產生許多對話的場所」，把對這家店的期許加到logo裡；再轉一次九十度，A會變成倒掛的樣子，變成像是筆尖的形狀，加上下面的黑色對話框，看起來就好像從筆尖滲出黑色墨水一樣。

PLASE.STORE在每星期一的早上，會提前於早上七點半開店（營業時間現已更改為12：00～20：00二號大楠店早上八點營業。），高山先生說：「如果早晨可以充滿朝氣開始的話，感覺一整天都會很順利，如果上班族們可以在工作之前就來的話就太好啦，所以特別選在星期一的時候提早開店，由於文具並不是非常貴的商品，因此想要讓大家在早上使用嶄新的文具，以煥然一新的氛圍來工作，並且展開快樂的一週。」

PLASE. STORE

PLASE. STORE

PLASE. STORE

店內的商品充分展現了高山先生的好品味。

不論是店名、logo、店內裝潢和選品，都可以感受到高山先生的用心和巧思，讓文具店不只是販售文具店，也是小鎮上居民們的共同回憶。如果你和我一樣，是一位愛狗人士、又是一位文具迷，請一定要來到這裡。

店長最推薦的文具

yuruliku 出品的 Green Marker 小草便利貼，曾獲得 2010 年 Good Design Award 大賞的肯定，貼在書本上，就像是小草從書本中生長出來，充滿幽默感的文具商品，讓人會心一笑。756 円。

攤平時是普通的留言卡，打開以後可以變成一朵立體的花朵！充分展現出蜂巢紙工藝之美。紙張來自日本愛媛縣，專門販售各式紙類商品的公司「山中商事」，細膩的質感讓人愛不釋手。一共有六種不同的圖案，626 円。

日本服裝設計師皆川名所創立的品牌 minä perhonen，其筆記本相當富有巧思，搭配書繩，打開來就像是一隻展翅飛舞的蝴蝶，有多款花色和尺寸可以選擇。
小 594 円／中 918 円／大 1,458 円

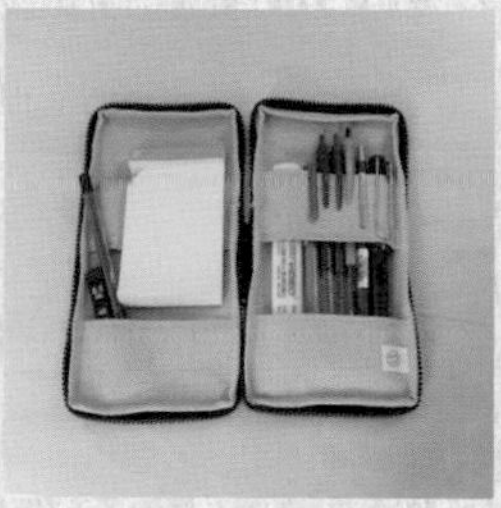

つくし文具店的原創鉛筆盒，可以妥善收納所有的筆類文具，也可以把原創的便條本一起夾在裡面喔！ 鉛筆盒 2,700 円。

plase.store 鳥飼店

營業時間：12:00-20:00
定 休 日：週日與週三
地　　址：〒 814.0103 福岡 福岡市城南 鳥飼 5.3.1
電　　話：092-407-8087
鄰近車站：福岡市 地下鉄七隈線 別府駅

二號店 大楠

營業時間：8:00-18:00
定 休 日：週三
地　　址：〒 815.0082 福岡 福岡市南 大楠 3.7.16
電　　話：092-753-8275
鄰近車站：西鉄天神大牟田線 西鉄高宮

Stationery Shop 5

OOuuu

採訪・攝影 by 柑仔

不放棄求新求變！
OOuuu 兩眼一起獨立文具工作室

第一次看到 OOuuu 的網站，心裡嘟噥著，這個國外文具品牌的視覺設計未免也太厲害了吧！每一張照片裡的文具都成了藝術品，一般看起來容易顯得單薄的筆、尺，不但是畫面的主角，搭配起來整體的畫面，又協調精緻的大勝廠商產品圖，實在非常人矣！仔細研究之下，哎呀，OOuuu 根本不是什麼外國的品牌，而是咱們台灣的獨立文具工作室，而且，就在台南呢！

「其實商品進來的時候，都會有廠商的商品圖，但我們有一個不太好的習慣」Umar 說著說著自己也笑了起來。

「所有的商品進來，我們都會重拍一次。拍一個商品，要拍上一兩個小時，加上一些後製的處理，又要再花一兩個小時，所以拍照的速度很慢。但我們還是想要盡可能把商品拍出不一樣的感覺。」

一開始非常陽春，攝影棚是用文具店買來的珍珠板架的，相機也只是一台傻瓜相機，Umar 跟溫溫兩個人透過設計師的眼睛，一樣拍出了不得了的商品照。去年機器終於升級成單眼相機，拍照的速度也略微提升，從一天可能只能拍兩三樣商品，提升到了一天可以拍六七樣商品。

店貓喵咪，非常親人，不定時出沒。

「這樣還是太慢啊！」我抗議著，Umar 回了我一個傻笑，因為拍出他們眼中文具的樣子，是 Umar 和溫溫的堅持。

因為這樣的堅持，在 OOuuu 的網站上，永遠無法看到店裡所有的商品，「有時候商品進來，人來店裡的話立刻會知道有新東西上架，但就不小心賣完了，當我們想拍的時候也沒有東西可以拍了。」Umar 講起話來有種讓人無法抗拒的真誠，「哎喲，有啦，雖然我們沒辦法累積很多的貨量，但現在有盡量讓貨做到足夠，不會一下子就賣完。」面對深怕有好東西沒買到的我，Umar 反過來安慰我。

帶著黑框眼鏡，笑起來超沒心機，講話爽朗又大聲的 Umar，和有著靈活大眼，清秀可人但又有點小淘氣的溫溫，兩人都主修平面設計，在 2012 年萌生了開店的想法。

「可是在台北開店的話，我們可能只能開在深山裡吧，哈哈。」

「而且，如果可以把一些不一樣的東西往台南帶好像很不錯！」

對獨立書刊相當感興趣的溫溫，原本想要單純的販售獨立書刊，但對文具實在也很有興趣，於是從獨立書刊出發，搭配一直很喜歡的文具，2012 年的 12 月 1 日，帶著一點橫衝直撞的勇氣，兩眼一起開始營業了。

OOuuu 店主人

講話爽朗又大聲的 Umar 和有著靈活大眼，清秀可人但又有點小淘氣的溫溫。

從開始認識 OOuuu 到寫下他們，造訪不下六、七次，每一次到店裡都是不同的模樣。「從開店到現在已經改裝超過十次了，陳列每個禮拜都會換，因為是自己的店嘛，有點看膩的時候就想換。一開始很克難，用兩個停車牌中間放張大木板就是中島，但慢慢地一點一點換東西，自己設計訂做櫃子，一直改一直改。所以每一次到店裡都會是不同的樣子。」經營兩年後，從大同路搬到新美街，兩個人求新求變的個性一直沒變過。

在 OOuuu 裡看到的東西，只要喜歡，就得趕緊下手，對溫溫和 Umar 來說，復古、絕版、停產的商品充滿了魅力，簡單機械式的設計不易損壞，加上舊時代耐看的造型，往這個方向尋覓，於是店裡常不定時出現各式的驚喜，而且賣完之後能否補得到貨，誰也不知道。每回到訪，我老是忍不住再帶一些老文具回家，買一支就少一支，能把經典保存在自己身邊，是文具控一點小小的浪漫。

西德時期原子筆，整支筆的零件都可拆卸，即使不同顏色也都可自由組合。（照片由店家提供）

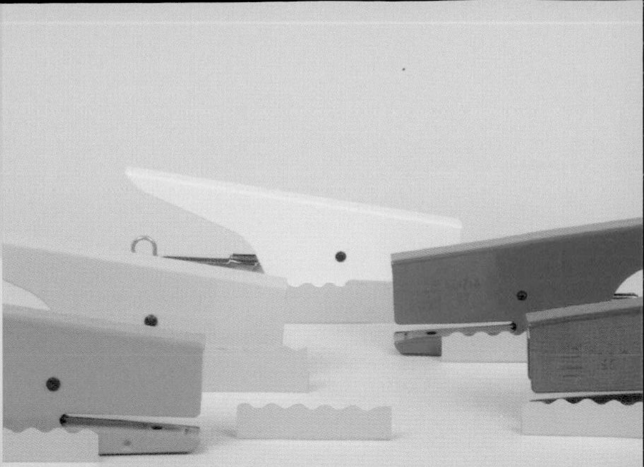

義大利手握訂書機，金屬造型，不僅好用還很可愛。（照片由店家提供）

德國 PLEMIX Moistener，瓶蓋是特殊專利，使用時裝水即可沾溼郵票背膠。

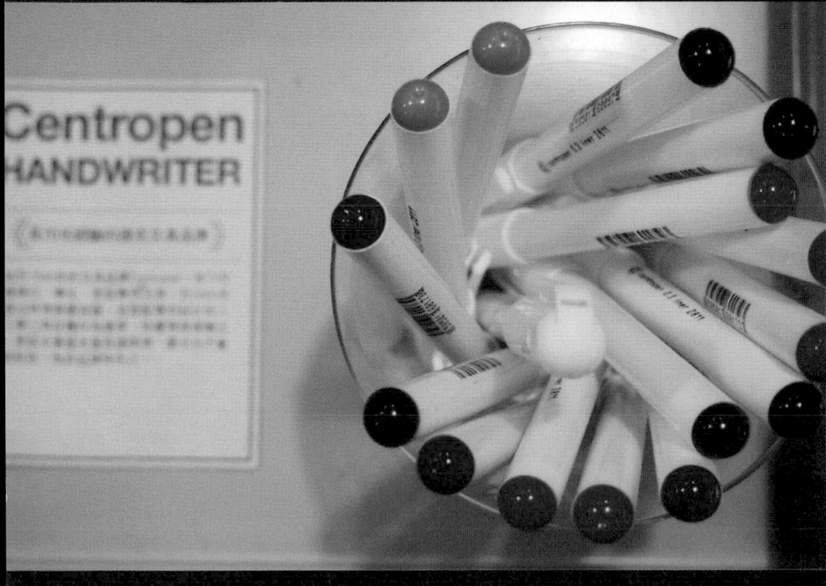

Centropen 創立於 1940 年，忘了蓋上筆蓋兩週，墨水也不會乾涸。

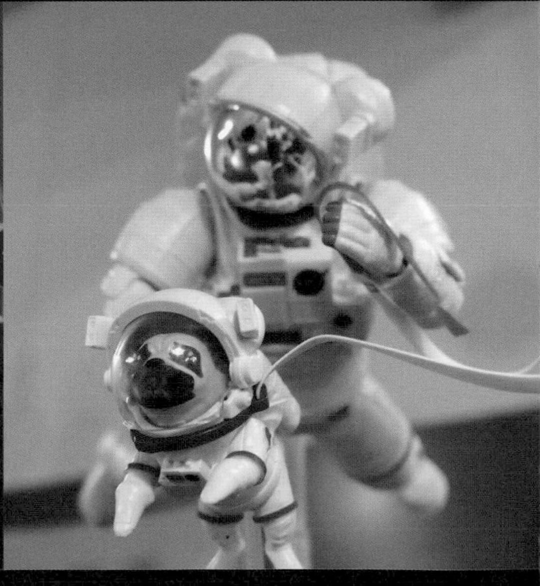

熱愛宇宙物件的 Umar，店裡當然少不了宇宙兄弟。

店內商品

芬蘭北極熊存錢桶

芬蘭北歐銀行設計的北極熊存錢筒，附帶鑰匙，推出之後大受歡迎，是溫溫的最愛。

Umar 非常喜歡地球儀和筆座，這款地球儀做工精緻，擺在店裡既是 Umar 的珍藏，又期待有緣人的出現。

匈牙利 ICO 1970's Retro pens 原子筆

匈牙利在 30 年代就發明了第一支原子筆，而這款 ICO 1970 的筆夾跟筆身都是重新開模，因為整枝 1970 有太多配件，製造這麼多配件不符合經濟效益，相對更早期的 1966 因為構造簡單，反而還繼續在生產，但相對來說 1970 的款式就更顯得珍貴。

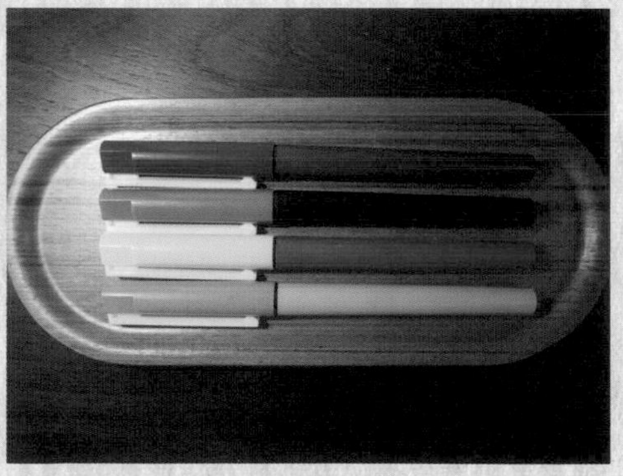

法國 REYNOLDS 鋼筆

設定為學生使用的鋼筆，所以比較塑膠感相對也比較輕巧，REYNOLDS 筆尖不是銥點，而是和青年鋼筆一樣的兩片半圓形金屬片，滑溜好寫。

OOuuu 兩眼一起獨立文具工作室

二～五 13：00～20：00
六～日 13：00～20：00
周一／公休 週二／不定休
台南市東區新美街 189 號
TEL / 06-2210356
https://www.facebook.com/oouuubrand
http://www.oouuu.co/

店長的話

店裡一直都是順著自己的感覺，所以進來 OOuuu 不要有壓力喔！我們會說有任何問題再問我們，因為有一些東西如果沒有人教的話，可能摸不著頭緒，所以有問題請儘管問吧！

OOuuu 自營商品

紀念款限定牙刷（已絕版）

店內限定牙刷是一週年紀念款，斯洛伐克產，竹製柄身不易發霉，刷毛使用玉米纖維，連同染劑都是全天然，整支可自然分解。

OOuuu 原子筆

兩週年紀念款，店內限定販售，日本 Zebra 合作款。

Stationery Shop 6

iLIFE DESIGN

傳遞給你生活中微小幸福的美好

採訪・攝影 by 柑仔

「希望能把想法實踐在自己的生活，創作出和生活有連結的創作品，傳遞給你生活中微小幸福的美好。」

第一次跟 iLife 的店主鵝媽見面，我們兩個人都帶著點羞澀和不安。但從第二次見面開始，兩個高雄人的熱情立刻大爆發，帶著貝雷帽的鵝媽笑容可掬，氣色極佳，一個大擁抱，我們像是認識了好久的朋友，談笑間，鵝媽爽朗的笑聲繚繞整間老屋。

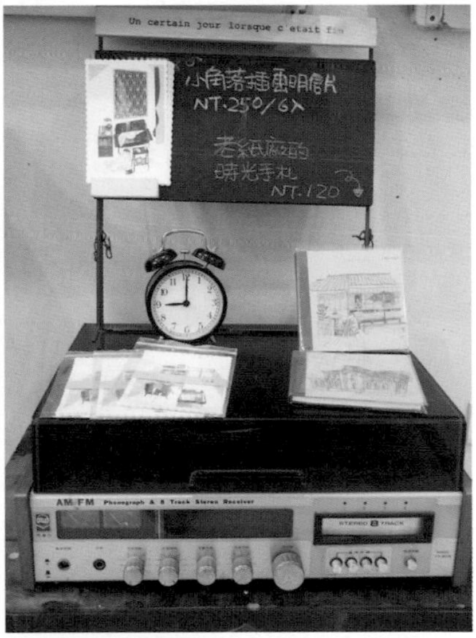

孔廟對面府中街內的 iLife Design，位在一棟已經80歲以上的兩層樓高老屋裡，石磚路面的府中街人來人往，人潮多得不得了，台南的老街道在觀光風潮席捲之下，假日時已經失去了悠閒的氣味，但 iLife 前方長長的庭院，卻隔出了一方清淨的角落。

2006年成立的彼時，老屋尚未成風潮，鵝媽卻已經著迷於各式老件。

「哎呀，其實會運用老件，一開始是因為沒有太多錢可以裝潢（笑），所以想說就用老東西吧，以前的二手老件很便宜，不像現在都翻了好幾倍了。」在她和先生的巧手改造之下，老屋裡的老件呈現的不是陳舊復古感，卻帶著點粉嫩的青春。

手巧的鵝姐，在iLife的二樓時常開設手作課程，從絹印、豆染、手工紙甚至到耗時的北歐編織椅，鵝姐自個兒教學也好，請來台南在地手作人開設課程也好，簡單易上手的課程價格實惠，對喜歡手作的人兒來說，在老屋窗戶斜射進來的光線下手作，超~級~浪~漫~

走過iLife的小庭院，右旁側的玄關是個完整的小空間，每個月都會有不同的「小方間展」，設展的設計師們可以在這兒完整構思自己的陳設，從生活雜貨到京都風刺繡到鋁線創作，小展間裡風情萬種。

「有時候如果只是產品單純的擺著，風格不是很強烈，跳不出來，可是這個小展場，讓創作者們可以自己擺設展示，一來可以測試市場的接受程度，同時也可以推銷一下自己。」跳脫一個單純的銷售者，鵝姐想方設法，希望能夠多推創作者們一把。

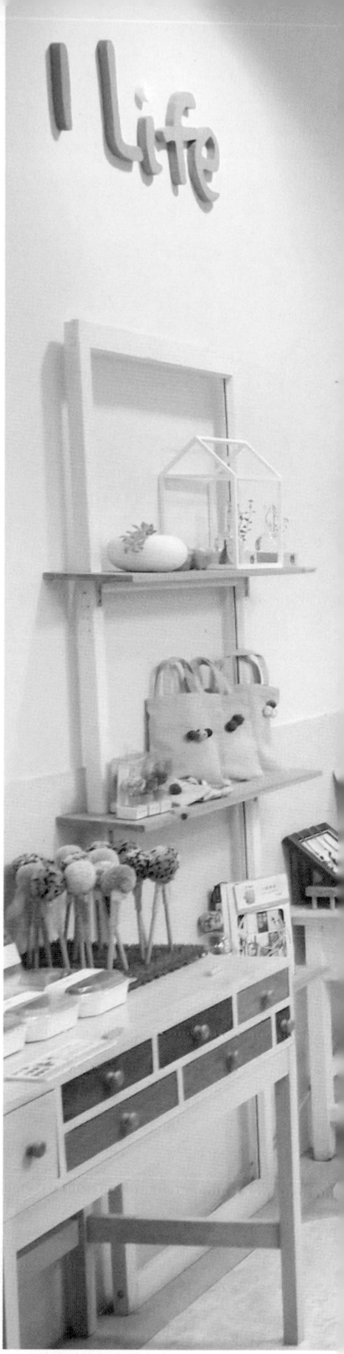

主屋裡，老房子獨有的狹長式建築被打通，一抬頭，可以一眼望進最底處。狹長的內部空間，正好適合一區一區完整的陳設。iLife Design 的合作設計師大約維持在十來個左右，很多都是鵝姐當初跑創意市集時的革命攤友，數量雖然不多，但每個創作者的商品卻相當齊全。一般的店面為了方便管理，常常會把所有創作者的作品打散，依品項分開擺設，明信片歸明信片、筆記本歸筆記本，但鵝姐則是把同一個創作者的作品集中在一塊兒，所以呢，如果有喜歡的作者，可以輕鬆地把喜歡的商品一網打盡，說起來這招真的很可怕，因為我就這樣硬生生地在同一個位置留連，走也走不了啊！

幾次造訪台南，歷經林百貨的開幕、登革熱、房租上漲或房東收回房子，相當傷心地看著一間間喜歡的店家黯然地收起來，但走進府中街，iLife Design 依然靜靜的佇立著，一想到進去後可以被鵝姐的熱情圍繞，不知不覺心頭熱了起來。

每個月主題都不同的「小方間展」。

店內商品

除了提供創作者販售的場所之外，鵝姐和先生創作出許多 iLife Design 自有商品。

iLife 鳳凰花書籤尺／吊飾

府中街周邊從日本時期開始，就種植了一些日本人帶進台灣的鳳凰花，培植後種在民生綠園一帶，孔廟裡頭也留著幾棵，鳳凰花的花形很美，做成書籤或吊飾很有意思。

iLife 小幸福樹針留言插座組

在辦公室種植栽是改變心情的良方，但忙起來一沒照顧可能就會枯死，這樣一個小小的樹針擺在辦公桌前，綠化療癒以外，上頭每一顆小瓢蟲都是大頭針，拿來固定拍立得或是留言都很便利。

iLife 碰餅螢幕擦

碰餅又叫做月子餅，台南早期物資缺乏，糖取得不易，從中國經海運運送到台灣後，以台南為起點往全台運送。這就是為什麼台南的口味比較甜的原因，因為在那個時代，只要吃得起糖就代表了是好野人，也因此，碰餅就成了台南媳婦坐月子的代表。目前除了碰餅螢幕擦、抱枕以外還有香皂，比一般碰餅更凸是台南碰餅的特徵。

iLife 窗紋原木筆記本

以往鐵窗上的花樣從現在的眼光看起來充滿了魅力，雷射雕刻上美麗花窗紋路的薄木片，是帶著少許香氣的柚木和檜木，適合一般書寫的道林紙內頁相當實用。

iLife 角色芳香系列

利用雷射雕刻出戲劇中不同角色的擴香片，搭配檜木、薰衣草和野薑花三種不同香氣，隨著時間過去，木片的顏色會逐漸加深，很有趣味。

鱷魚老師作品

身為台南人的鱷魚老師，走訪台南，手繪寫真十分精彩。這份塵封筆記本是從天德行倉庫裡挖出來，點點的黃斑，充滿時間的氣味。鱷魚老師還特別跟天德行訂製了小開數的洋裁本，方便隨身攜帶。

不哭鳥強力磁鐵

這款強力磁鐵嘴巴設計得比較長，背面可以吸附在鐵材質上面，嘴巴可以叼著紙條，手工繪製誠意滿點。

iLife Design

台南市中西區府中街 136 號
06-2218072
週一 :11:30 - 19:00
週三 - 週五 :11:30 - 19:00
週六 - 週日 :11:30 - 19:00
http://www.ilife.com.tw/
https://www.facebook.com/ilifeDesign/

Stationery Shop 7

天德行

電腦化衝擊下
流逝的美好技藝

採訪・攝影 by 柑仔

知道天德行，是在台南停留的最後一個下午，看到 iLife Design 店裡，鱷魚老師包裝好的兩入一組塵封筆記本，拿在手裡實在捨不得放下來，滿眼的驚艷，封面漂亮的花體字搭配高雅的花紋和優雅的配色，內頁和封面泛著時間鍍上的黃褐色，這些珍貴的筆記本就是來自天德行的老倉庫。

本來在心裡躊躇著「哎呀，沒有先聯絡實在太失禮了，這個時間點人家又已經下班了，打電話也找不到人。而且天德行不是店面是廠房，實在不應該貿然去打擾……」無數的內心小劇場輪番上演，但鵝姐一句話驚醒我夢中人，一句「哎呀你就去看看啊，不能訪走出來就好了啊。」，我決定多留一宿，隔天直衝天德行。

台南市區內的天德行廠區，招牌上大大的天德兩個字，油漆有些龜裂，但依然高掛。探頭探腦的推開天德行辦公室的門，一位阿姨充滿疑惑的抬頭看看我，但是阿姨總是好聊。

「我們家的帳本喔，從電腦化之後量就越來越少。我們是封面不美啦，但是我們比較注重實用，紙是很好的。」阿姨的語氣中微微帶著驕傲。

笑臉迎人的阿姨看起來有些資深，阿姨擺擺手「哎呀，我在這邊工作沒有很久啦，大概……才二十幾年而已。」

1931 年（昭和 6 年）由劉益壽先生創立的天德行，當時專門製作天德牌帳簿、航空信紙、活頁夾等紙品。80 年代的全盛時期，走進台灣的各大公司行號，會計部門的桌上幾乎都可以看得到他們家的產品，市佔率極高。
第二代劉光雄先生已經高齡八十，住家與工廠毗鄰，老屋歷經三代，弧形的建築保存良好，中庭花園裡曾經有過的噴水池，目前雖然已經沒有注水，但仍舊花木扶疏，拄著拐杖的劉老先生，每天還是會到辦公區走走，而第三代劉世平先生則常駐湖內廠區。

老闆劉光雄先生，至今仍然每天會到廠區辦公。

「啊？二十幾年還不算久喔？」我扶著下巴問。

「唉唷，樓上的同事比我還久得多呢。」老一輩人對自己工作的自傲和執著，認定一個工作就彷彿是永遠，讓時間的單位都瞬間變短了。

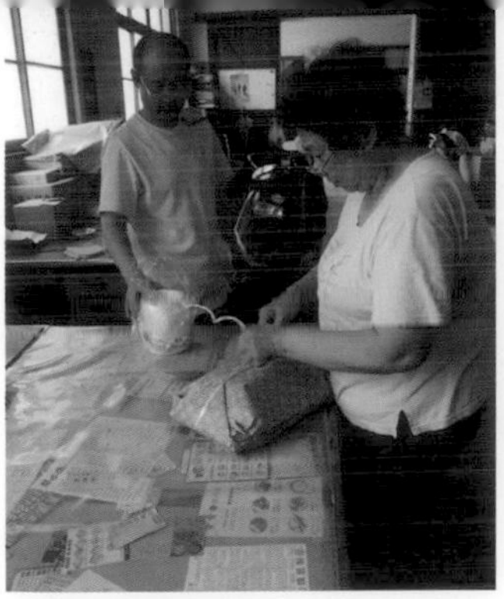

購物完畢，阿姨會用印滿天德行商標的包裝紙捆起來，相當有古風。

會計阿姨飛快的用算盤三兩下就算好了我的敗家成果。「算盤耶～～～」阿姨回我一個大驚小怪的眼神。

走進工廠裡，往二樓是一道寬敞的磨石子樓梯，兩旁的磨石子扶手，觸手一陣厚實清涼，轉角旁的打卡鐘旁整整兩長排的打卡架，編號上百，全盛時期，工廠裡人聲鼎沸，有約120名員工，而現在，空曠的打卡架上卻只放了五張卡片。二樓的廠房裡，分成好幾個工作區，天德行的各樣商品除了印刷之外，都是手工製作，每一本精裝帳本，都是由工廠裡熟手的阿姨，一本本手工上膠、包背、加書頭布、壓出書溝。每一本活頁夾，都是阿姨一個一個打上卯釘、加上金屬書角，對我充滿好奇的種種問題，阿姨們和我閒聊的同時，手裡的工作一步接一步，幾十年的老經驗，讓她們絲毫沒有耽擱的變出一本本手工精製的簿本。曾經上過手工書的課，學費動輒數千，但對工廠的阿姨們來說，這只是生活的日常。

天德行的廠區並沒有開放參觀，但禁不住我熱切的眼光，取得同意後，我踏進天德行囤貨的倉庫，黑漆漆的貨架間，空氣有些凝結。「啪！」的一聲，熱情的會計阿姨打開了日光燈，讓我自個兒在裡頭慢慢尋寶。阿姨透露，魏德聖導演拍片前，也曾經到天德行收過一

當年請南二中美術老師設計的商業簿冊封面。

裝訂完畢，燙上金字的帳本，儼然就是一本精裝書。

泛黃的信封上依舊艷麗，令人心動的花卉紙條。

批日據時代的文具，這倉庫可不容小看。抹開架上的灰塵，從創業以來，請設計師設計的封面一直沿用至今，封面上的短髮女郎依舊笑得燦爛。當初請南二中美術老師設計的商業簿冊封面，目前在許多文具行也仍舊販售。有著硬實封面，方便野地裡隨手記錄的測量野帳、有著樸實封面的航空信紙、方格內頁的洋裁本，我還從紙箱裡挖出一束泛黃的信封，束住信封們的不是單調的牛皮紙條，而是帶著斑點，卻仍然美艷的手繪花卉。

在電腦化的衝擊之下，帳本的使用率越來越低，天德行目前正面臨遇缺不補，員工數量銳減的狀況，阿姨們在廠房裡從少女的花樣年華一直做到當了阿嬤。

「每天來上班都習慣了啊，老闆對我們很好，都這個年紀了，老闆還是繼續讓我來上班，不過再老可能就沒辦法了。」

即使在訪問完這麼久的現在，想起天德行裡每一位阿姨溫柔親切的笑容，她們笑談這幾十年廠房裡的人生，時間好像被濃縮在天德行的廠房裡。幾十年的純熟手藝，該是用匠人來形容的了，但隨著無紙化的到來，這樣美好的技藝，難道就要流逝在時光裡了嗎？握著阿姨厚實的手，我突然有種想哭的感覺。

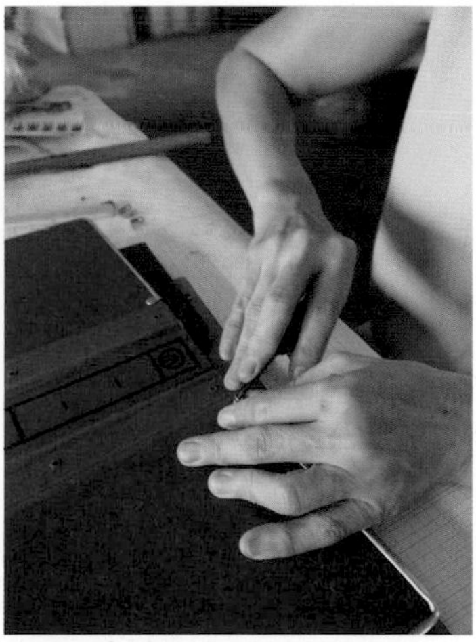

每一本活頁夾，都是匠人級的阿姨們，一個個打上卯釘、加上金屬書角，純手工完成。

天德行

地址：700 台南市中西區永福路二段 152 巷 3 號
天德行的位子恰巧在台南全美戲院附近，運氣好的話還可以看到顏振發師傅手繪電影海報看板的英姿喔！
電話：(06)228-5548/222-2238

Stationery Shop 8

ONE PRICE ONLY

到均一價店挖寶

採訪・攝影 by Denya

非常值得挖寶的好地方！

一般人對於39元／49元這一類的均一價店的印象不外乎「價廉物堪用」，但近年來，標榜著日系和日本製造的均一價店，開始翻轉過去的廉價印象，反而給人一種物美價廉，高cp值得印象。在這一類的均一價中，不乏有一些值得入手的好文具，39元或是49元的價位，容易入手，其中不乏文具大廠的代工商品，可謂是物超所值，均一價店其實是文具控非常值得去挖寶的好地方！

和紙信封與小卡

39 元的入門價就可以擁有日本製的和紙信封，無論是質感或是設計都極優，和風味的圖樣，不輸文具專賣店的高級商品，張數雖然不多，但是不失為臨時需要寫張卡片給朋友的好選擇。

螢光動物對話框便條紙

螢光色系的對話框便條紙，共有四種造型，我只入手了兩種，憤怒熊和驚訝兔，內頁的對話框設計，可以直白地表達情緒，非常有趣！本來以為是便利貼款式，沒想到只是一般的便條紙，對於已經非常習慣購入便利貼的我來說，還真是有一點不習慣，雖然單價略高（以 49 元購入便條紙），但是一樣是日本製和創意設計取勝！

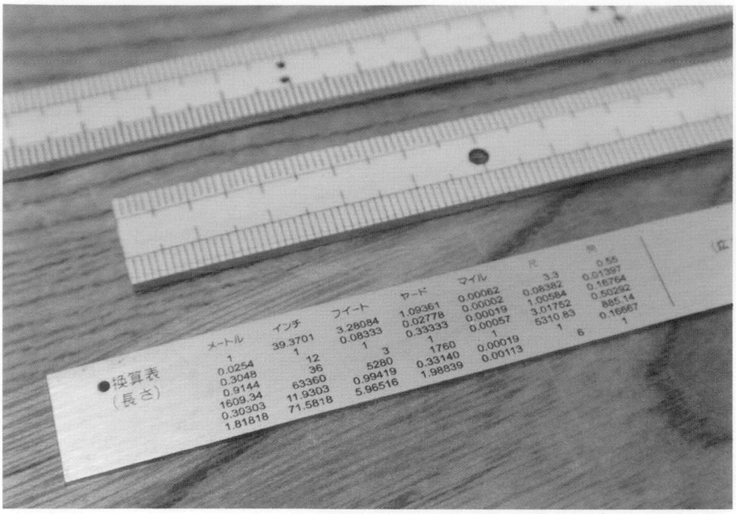

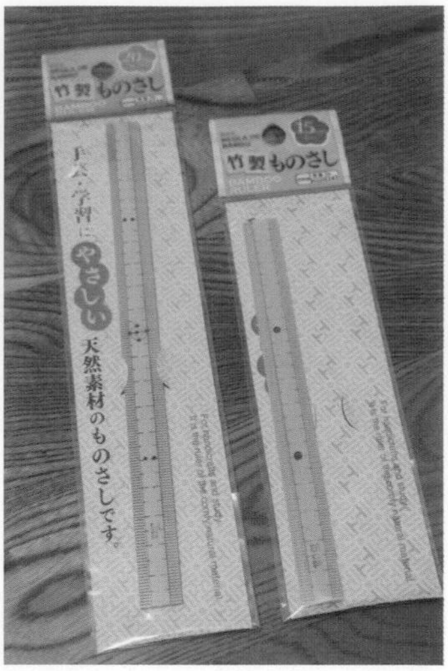

尺類

尺對很多人來說應該已經是很少在使用的文具用品了！但是這次在兩家店中入手的尺卻都是相當值得推薦的！分別是材質取勝的竹製尺，有 15cm 和 20cm；和設計取勝的不鏽鋼尺。竹製尺的純樸和竹子的味道非常吸引人，中文的注意事項提到「因為是竹製品，可能會有無法順利地畫直線」的警語，倒是令人大笑！「畫不直還是尺嗎！！」的感覺，不過竹製尺還是有一種塑膠尺無法替代的手感溫度，是適合文青派使用的文具。我特別喜歡這支不鏽鋼尺的數字設計，紅黑兩色和非常清楚的設計，簡單中不失設計感，翻過來背面還有換算表，讓人有一種驚喜的感覺！換算表這種東西實在是平常用不到，要用的時候找不到的好東西啊！

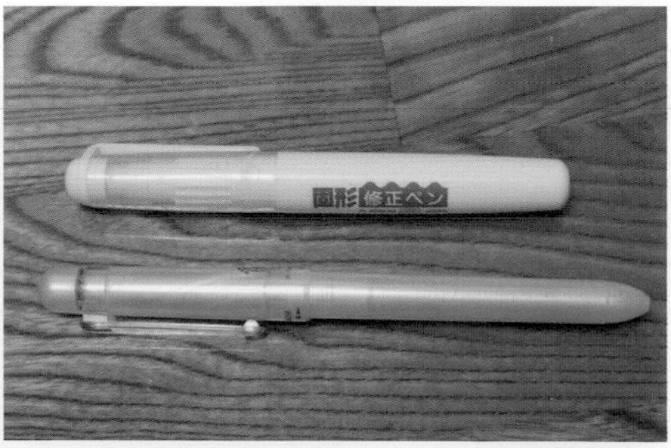

固形修正筆

這算是在均一價店發現的有趣商品，和一般的修正液：修正帶不同，它是固體形狀，有點像是白蠟筆的筆觸，主要針對油性與耐水性墨水專用，對於大面積的修改非常便利。不過搭配這次買的 PLATINUM 兩用筆，會發現其實效果沒有很好……意外地遮蓋不住！（汗）可能比較適合拿來修正圖片而不是文字的錯誤！創意不錯，但是效果還要再加強。

PLATINUM 兩用筆

兩用筆不稀奇，但是我覺得這支的 C/P 值本次最高！ 39 元的價格，兩用（黑色油性原子筆和 0.5 自動鉛筆），還附有橡皮擦，又是日本製，雖然是 ABS 材質，重量很輕，但是珠光色澤的筆桿，很雅致，看起來不廉價！而且墨色有黑，讓我很滿意，黑色不黑就令人阿雜。所以我整個就是大推薦！在均一價商店中，一次可以購入 5 ～ 10 支不等的超低價原子筆，這個兩用筆明顯的是貴了點，但是基於以上的優點，我認為這個價格能夠購入，算是非常的有價值，但是數量不多，有興趣的人要認真找一找。

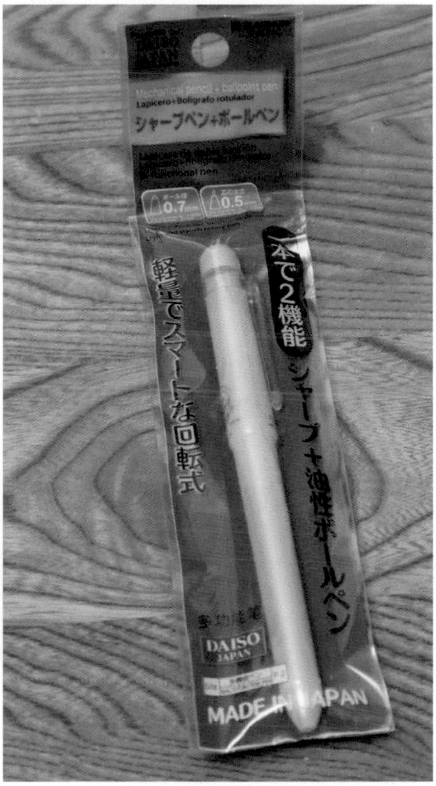

均一價店是個挖寶的好去處，雖然不見得所有的商品都很超值，但還是有很多驚喜值得去挖掘，當然也不一定會買到最便宜的，只能自己放心遊逛，用心比價，相信可以在均一價店中找到意想不到的好東西！

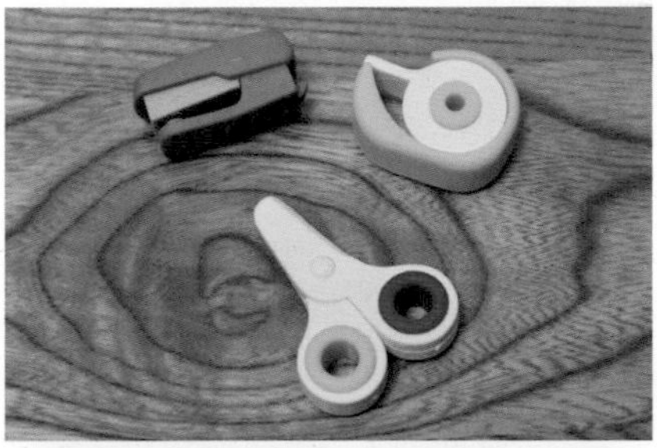

同場加映 1

最後…39 元買 3 個橡皮擦是貴了點，可是！文具造型的橡皮擦這麼可愛，剪刀造型的甚至可以開闔，這麼精緻，能不入手嗎？

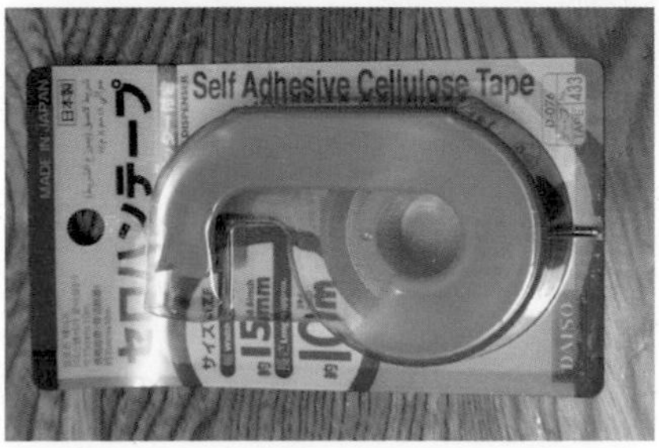

同場加映 2

有時在均一價店中，也可以找到相當超值的商品，如果是掛上原品牌 Logo 的商品，價錢就有可能翻倍，如果這一款透明膠帶，品牌商品在台灣販售價是 75 元，均一店價卻是 39 元，實在是可以省下不少銀兩。

站著的是「日日好文創副班主任雪比」他們倆很紅喔！
照片由「日日好文創」提供。

bon matin 90

文具手帖 season 09

作　　者　柑仔、黑女、王傑、陳心怡等
封面故事題字　蔣顯斌

總 編 輯　張瑩瑩
副總編輯　蔡麗真
主　　編　莊麗娜
美術編輯　MISHA
封面設計　1F OFFICE

責任編輯　莊麗娜
行銷企畫　林麗虹

社　　長　郭重興
發行人兼出版總監　曾大福
出　　版　野人文化股份有限公司
發　　行　遠足文化事業股份有限公司
地址：231 新北市新店區民權路 108-2 號 9 樓
電話：（02）2218-1417　傳真：（02）86671065
電子信箱：service@bookrep.com.tw
網址：www.bookrep.com.tw
郵撥帳號：19504465 遠足文化事業股份有限公司
客服專線：0800-221-029
法律顧問　華洋法律事務所　蘇文生律師
印　　製　凱林彩印股份有限公司
初　　版　2016 年 3 月 9 日

定　　價　350 元
套書 ISBN　978-986-384-124-1

歡迎團體訂購，另有優惠，請洽業務部（02）22181417 分機 1124、1126

國家圖書館出版品預行編目（CIP）資料

文具手帖 . Season 9，書寫的溫度 / 陳心怡等著 . -- 初版 . -- 新北市 :
野人文化出版 : 遠足文化發行，2016.03
面；　公分 . --（bon matin ; 90）
ISBN 978-986-384-124-1（平裝）

1. 文具 2. 商品設計
479.9　　105000102

野人文化
讀者回函卡

野人

感 謝 您 購 買 《 》

姓 名 □女 □男 年齡

地 址

電 話 手機

Email

□同意 □不同意 收到野人文化新書電子報

學 歷 □國中（含以下） □高中職 □大專 □研究所以上

職 業 □生產/製造 □金融/商業 □傳播/廣告 □軍警/公務員 □教育/文化 □旅遊/運輸 □醫療/保健 □仲介/服務 □學生 □自由/家管 □其他

◆你從何處知道此書？
□書店 □書訊 □書評 □報紙 □廣播 □電視 □網路
□廣告DM □親友介紹 □其他

◆您在哪裡買到本書？
□書店：名稱_□網路：名稱 ________
□量販店：名稱 __________ □其他 __________

◆你的閱讀習慣：
□親子教養 □文學 □翻譯小說 □日文小說 □華文小說 □藝術設計
□人文社科 □自然科學 □商業理財 □宗教哲學 □心理勵志
□休閒生活（旅遊、瘦身、美容、園藝等） □手工藝／DIY □飲食／食譜
□健康養生 □兩性 □圖文書／漫畫 □其他 ___________

◆你對本書的評價：（請填代號，1. 非常滿意 2. 滿意 3. 尚可 4. 待改進）
書名______封面設計______版面編排______印刷______內容______
整體評價______

◆你對本書的建議：

野人文化部落格 http://yeren.pixnet.net/blog
野人文化粉絲專頁 http://www.facebook.com/yerenpublish

廣　告　回　函
板橋郵政管理局登記證
板橋廣字第143號

郵資已付　免貼郵票

23141
新北市新店區民權路108-2號9樓
野人文化股份有限公司 收

野人

請沿線撕下對折寄回

書名：文具手帖 Season 09
書號：bon matin 90

寄回函抽：瑞士卡達 849 聖伯納原子筆組！
（市價 1560 元，共八個名額！）

2016／04／30 日前寄回本讀者回函卡（以郵戳為憑），
2016／05／02 日當日抽出 8 名幸運朋友。

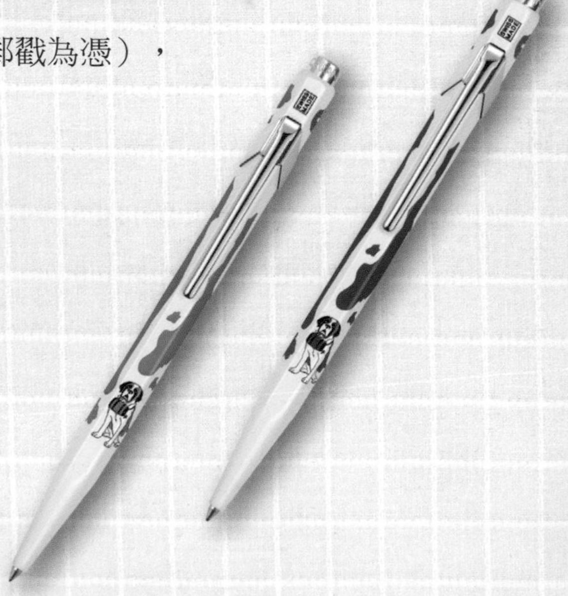

※ 本活動僅限台、澎、金、馬地區讀者。
※ 請務必填妥：姓名、地址、聯絡電話、e-mail
※ 得獎名單將於 105 年 5 月 5 日
公佈於野人文化部落 http://yeren.pixnet.net/blog，
並於 105 年 5 月 6 日至 5 月 15 日以電話或 e-mail 通知。

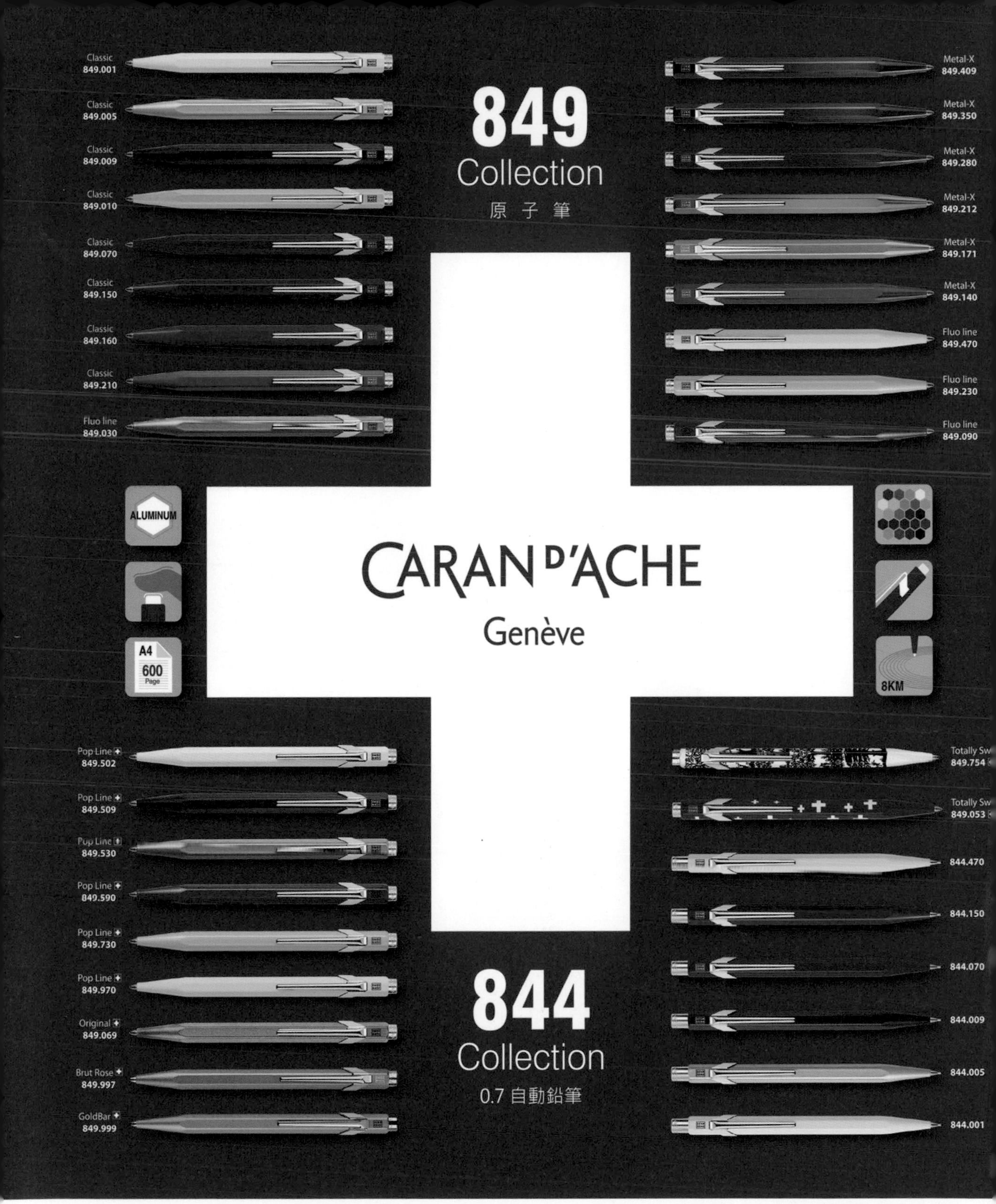
Classic 849.001
Classic 849.005
Classic 849.009
Classic 849.010
Classic 849.070
Classic 849.150
Classic 849.160
Classic 849.210
Fluo line 849.030
849
Collection
原 子 筆
Metal-X 849.409
Metal-X 849.350
Metal-X 849.280
Metal-X 849.212
Metal-X 849.171
Metal-X 849.140
Fluo line 849.470
Fluo line 849.230
Fluo line 849.090
ALUMINUM
A4 600 Page
CARAN D'ACHE
Genève
8KM
Pop Line 849.502
Pop Line 849.509
Pop Line 849.530
Pop Line 849.590
Pop Line 849.730
Pop Line 849.970
Original 849.069
Brut Rose 849.997
GoldBar 849.999
844
Collection
0.7 自動鉛筆
Totally Sw 849.754
Totally Sw 849.053
844.470
844.150
844.070
844.009
844.005
844.001

照片由「日日好文創」提供。

B C D E
G H I J
H I J K L
N O P Q R
S T U V

A A A A A

B B B B B

C C C C C

D D D D D

浪漫式英文字體（大寫）E F G H

E E E E E

E E E E E

F F F F F

F F F F F

G G G G G

G G G G G

H H H H H

H H H H H

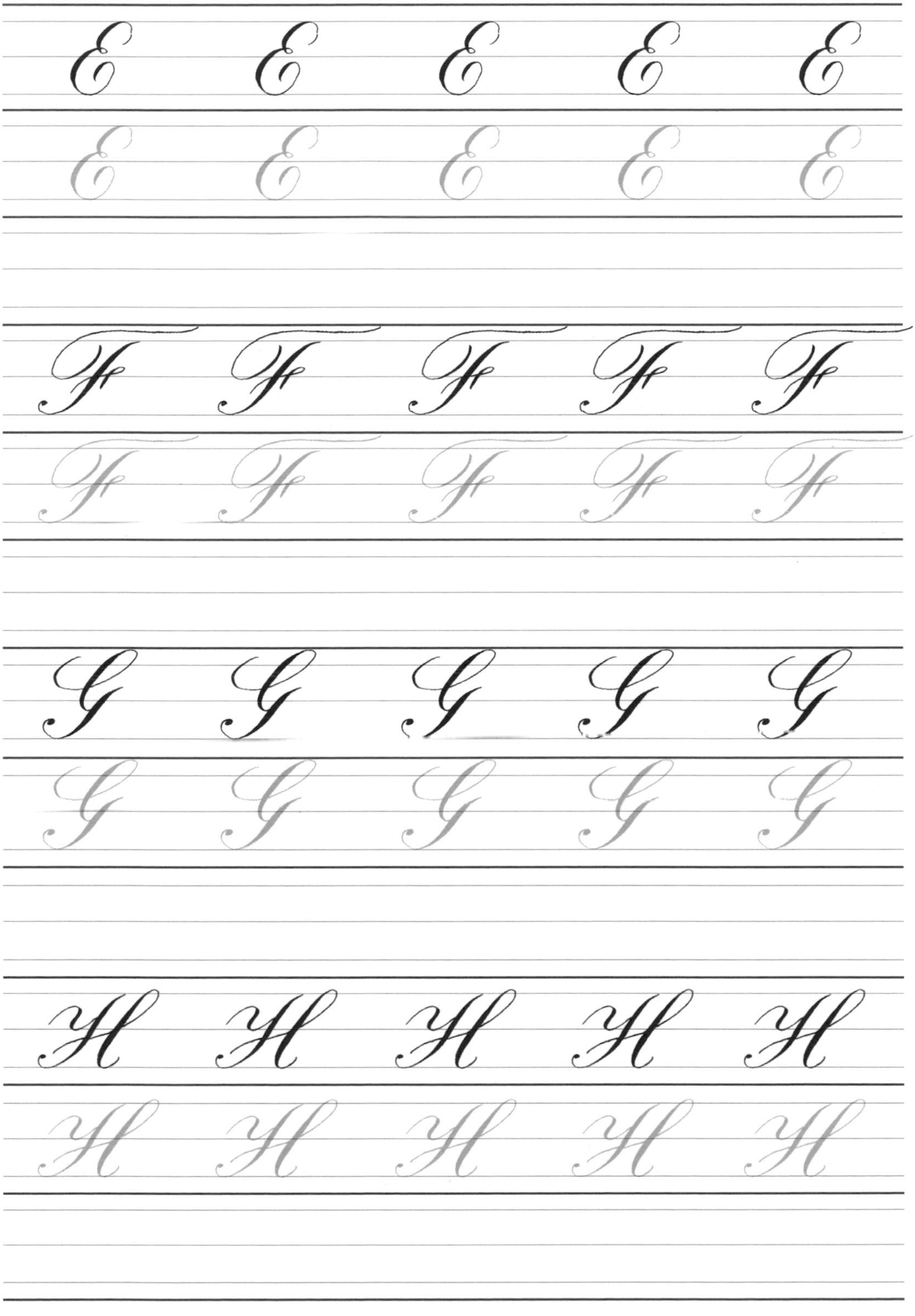

I I I I I

I I I I I

J J J J J

J J J J J

K K K K K

K K K K K

L L L L L

L L L L L

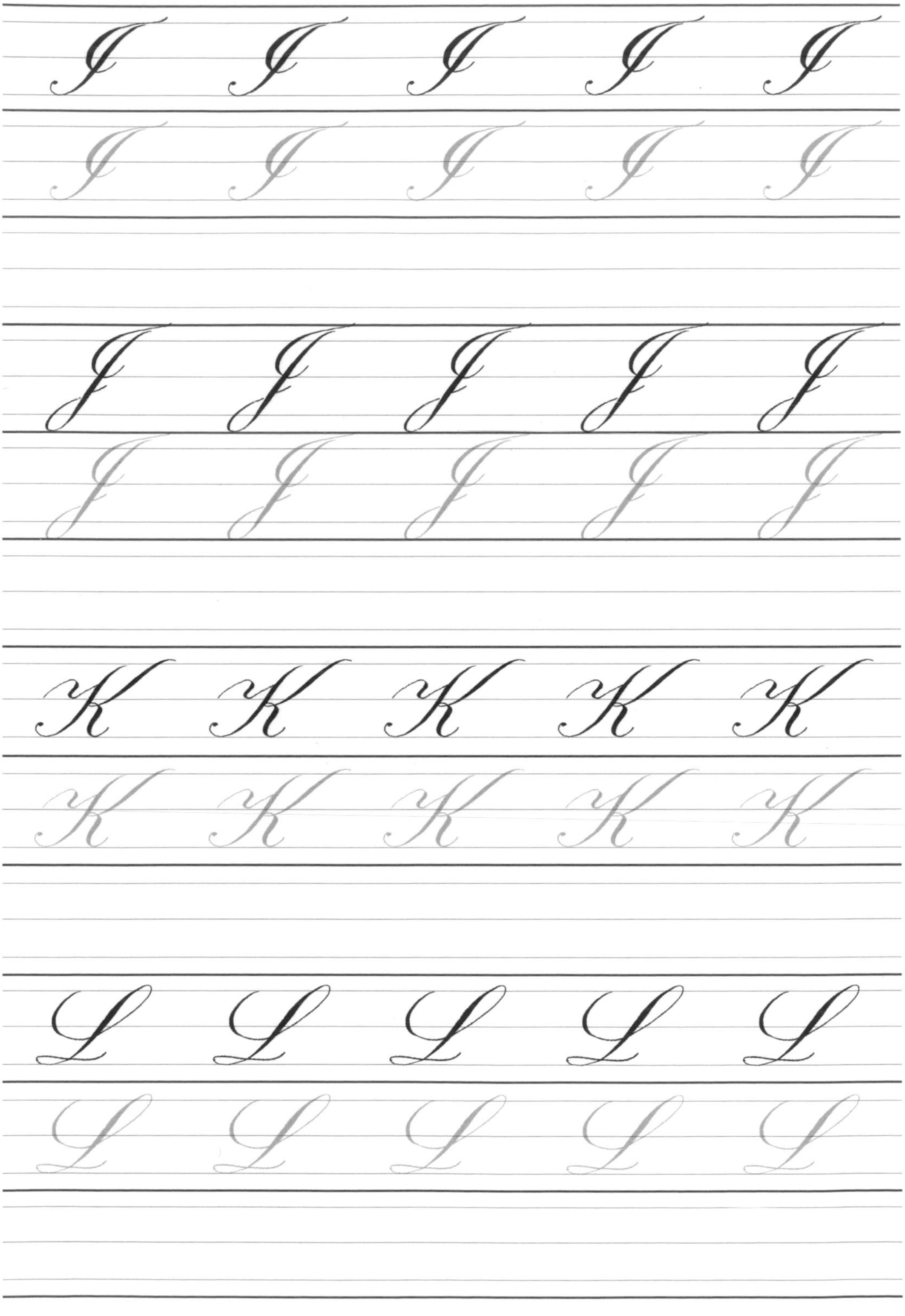

M M M M M
M M M M M

N N N N N
N N N N N

O O O O O
O O O O O

P P P P P
P P P P P

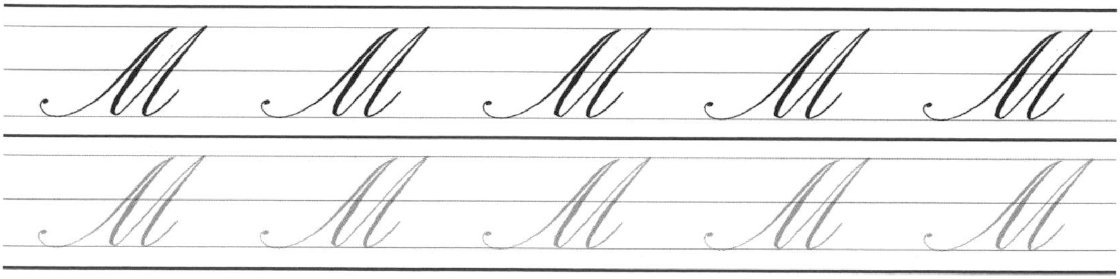

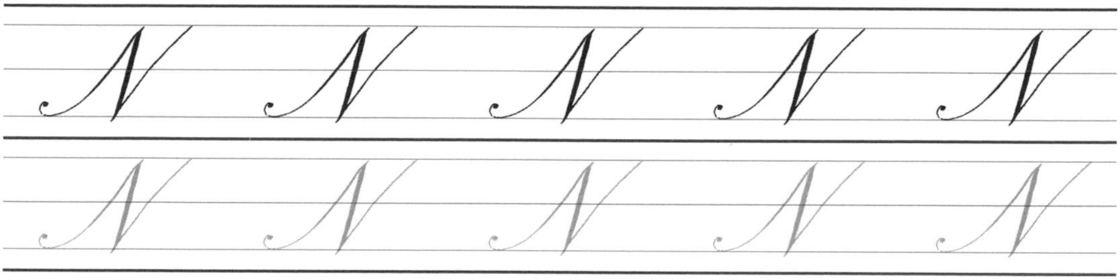

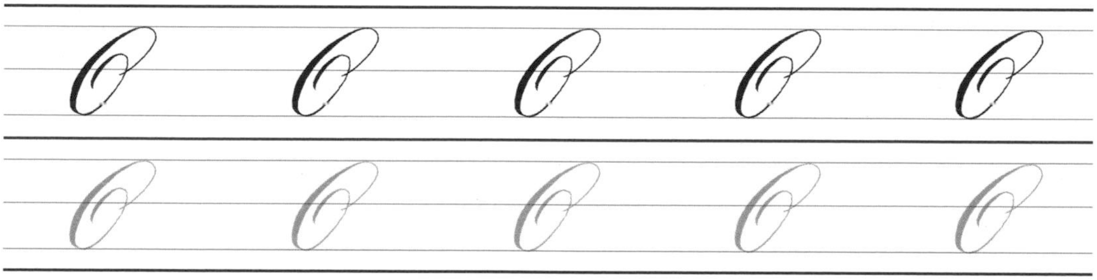

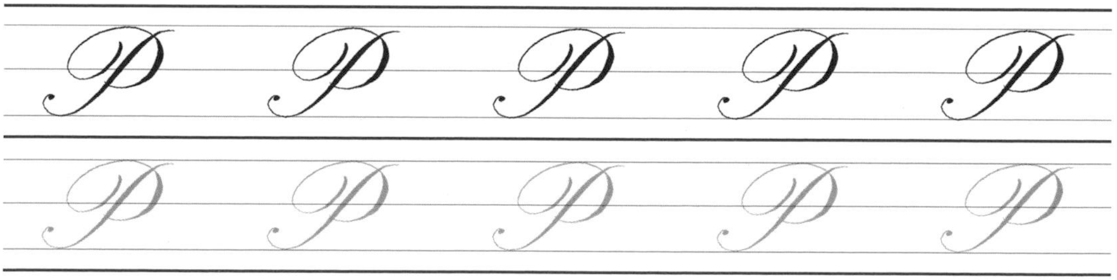

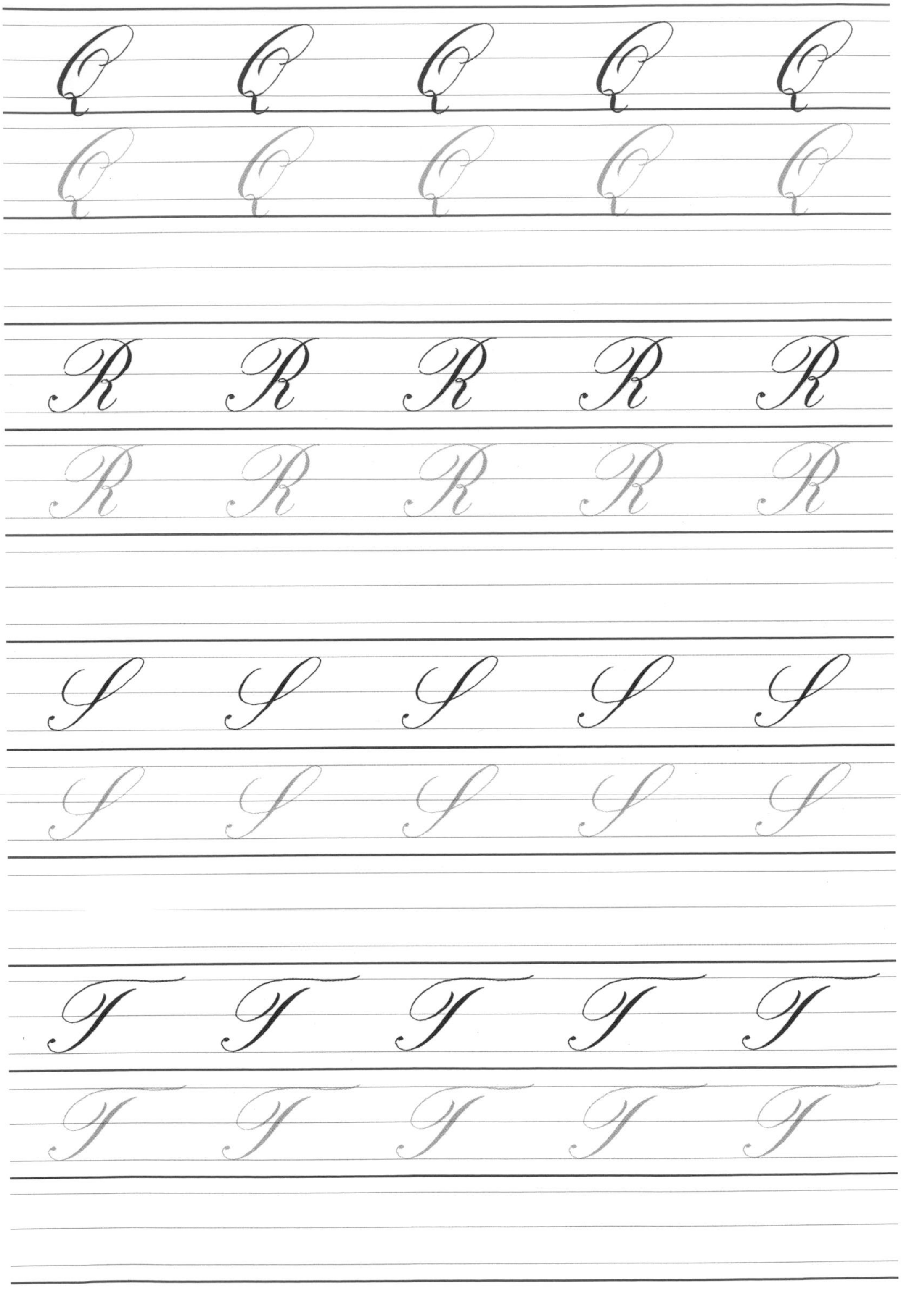

浪漫式英文字體（大寫）Y Z

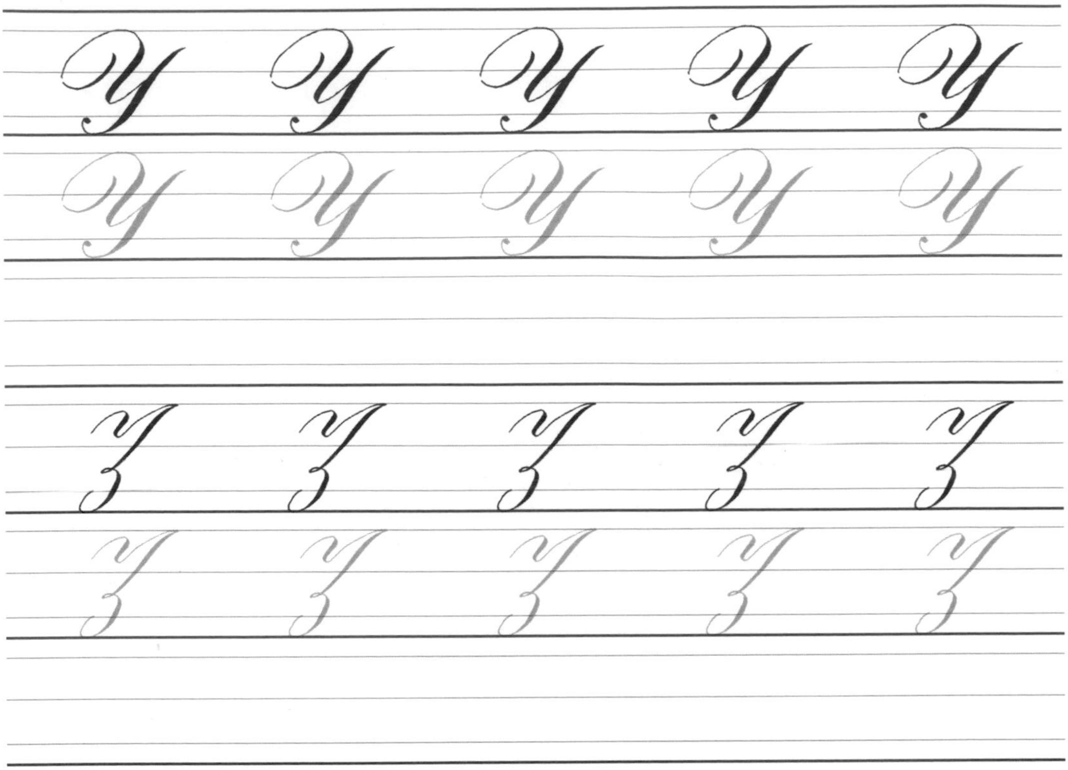

浪漫式英文字體（小寫）a b c d

a a a a a

a a a a a

b b b b b

b b b b b

c c c c c

c c c c c

d d d d d

d d d d d

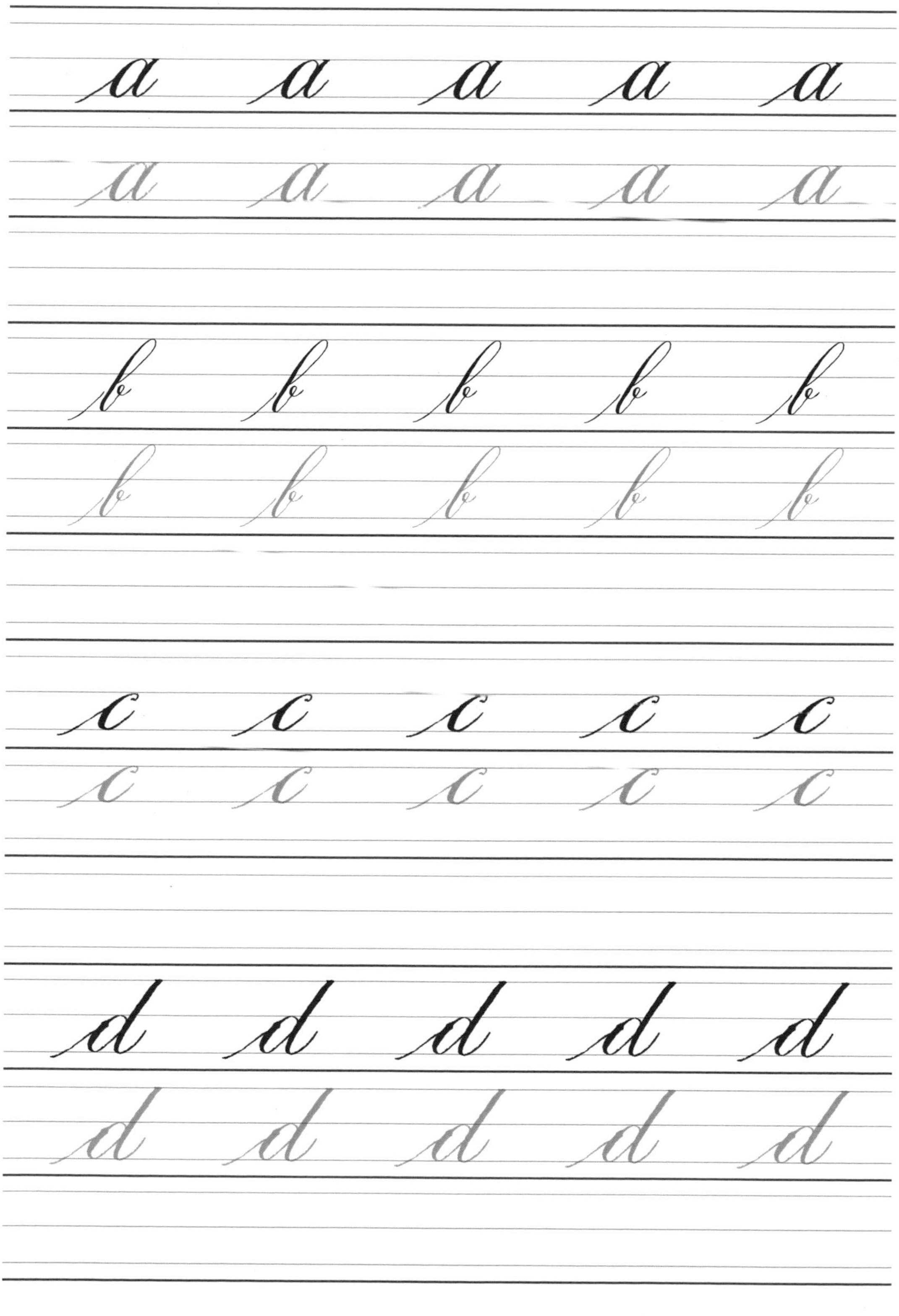

e e e e e

e e e e e

f f f f f

f f f f f

g g g g g

g g g g g

h h h h h

h h h h h

浪漫式英文字體（小寫）i j k l

i i i i i

i i i i i

j j j j j

j j j j j

k k k k k

k k k k k

l l l l l

l l l l l

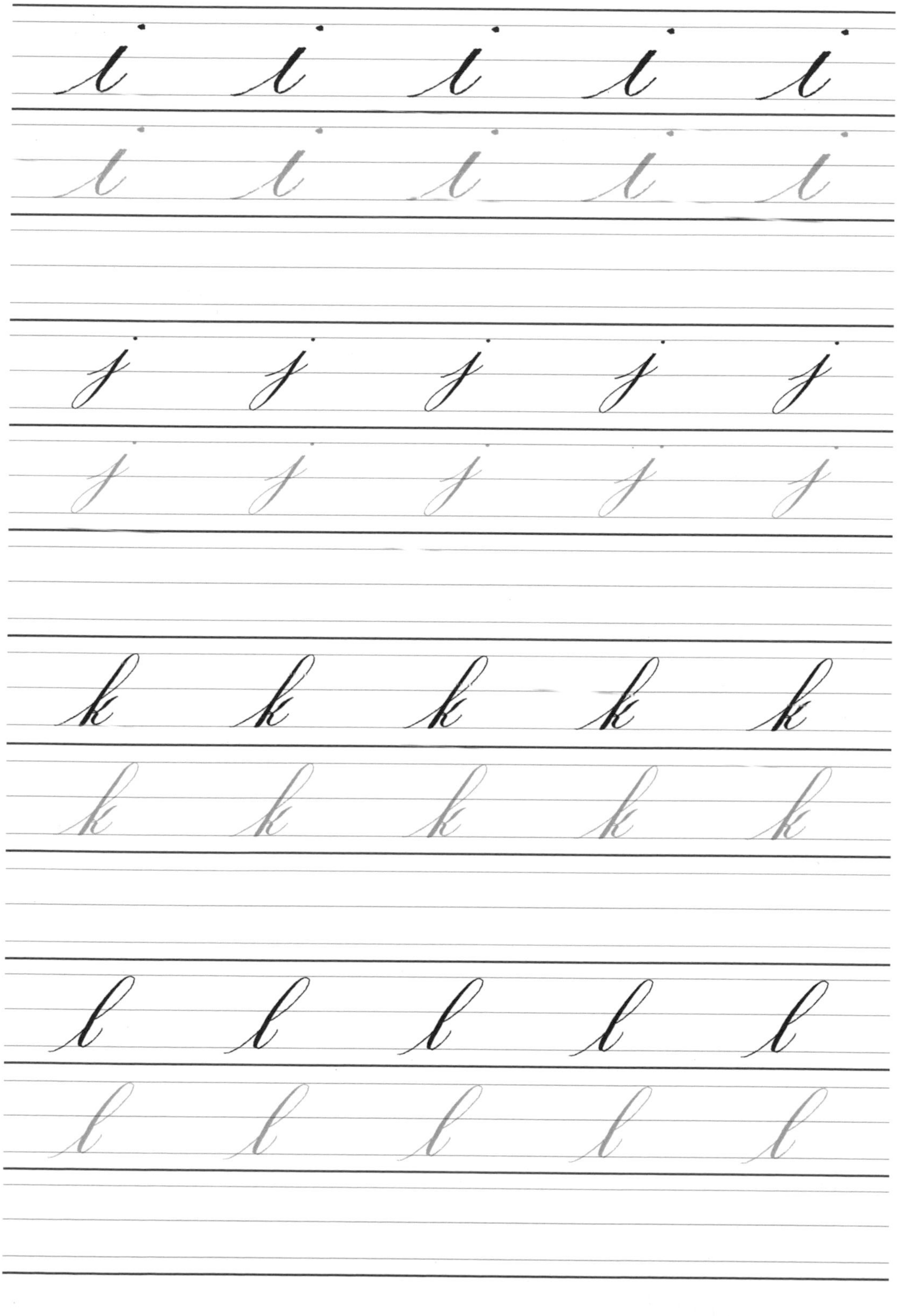

m m m m m

m m m m m

n n n n n

n n n n n

o o o o o

o o o o o

p p p p p

p p p p p

q q q q q

q q q q q

r r r r r

r r r r r

s s s s s

s s s s s

t t t t t

t t t t t

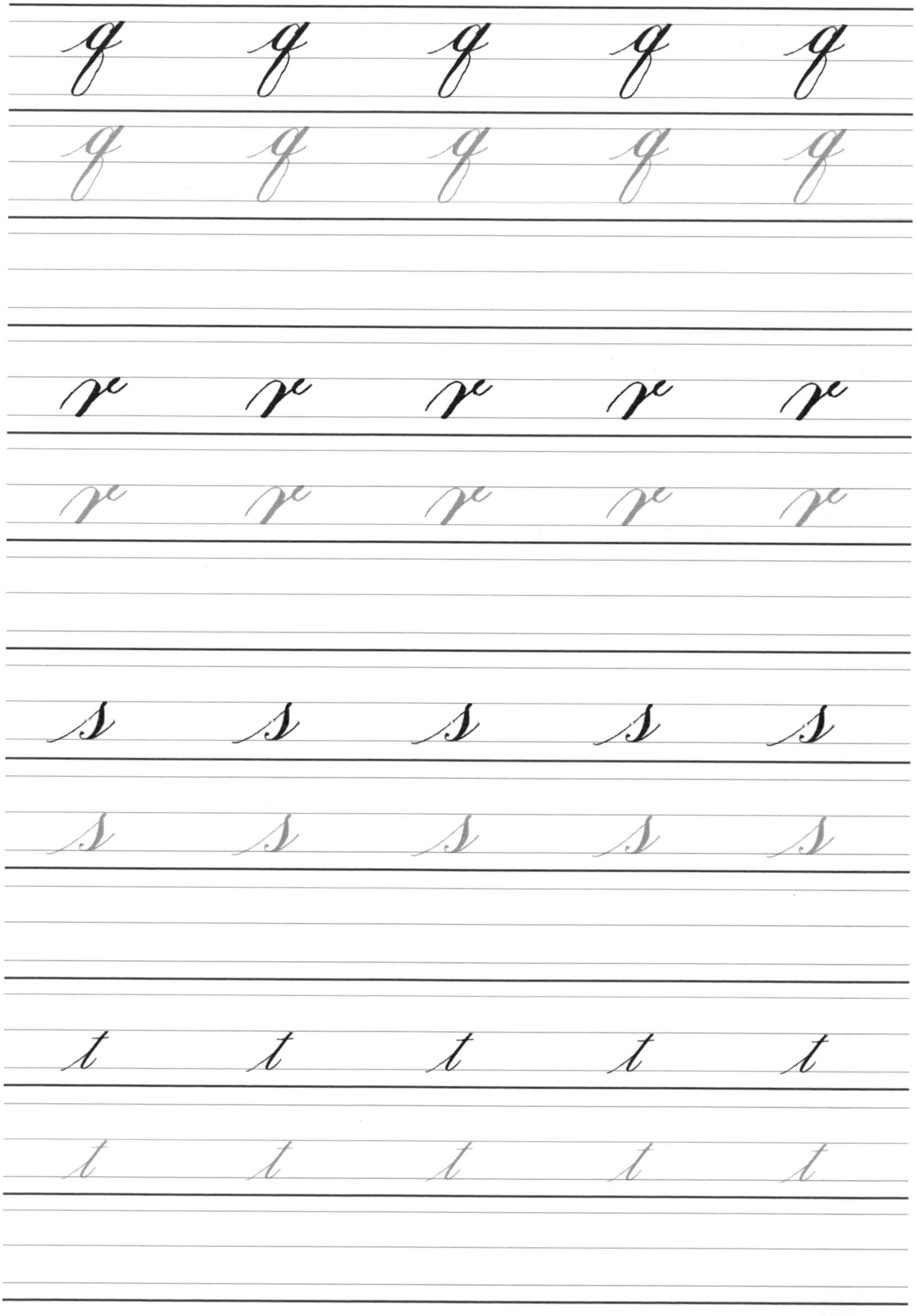

浪漫式英文字體（小寫）u v w x

u u u u u

u u u u u

v v v v v

v v v v v

w w w w w

w w w w w

x x x x x

x x x x x

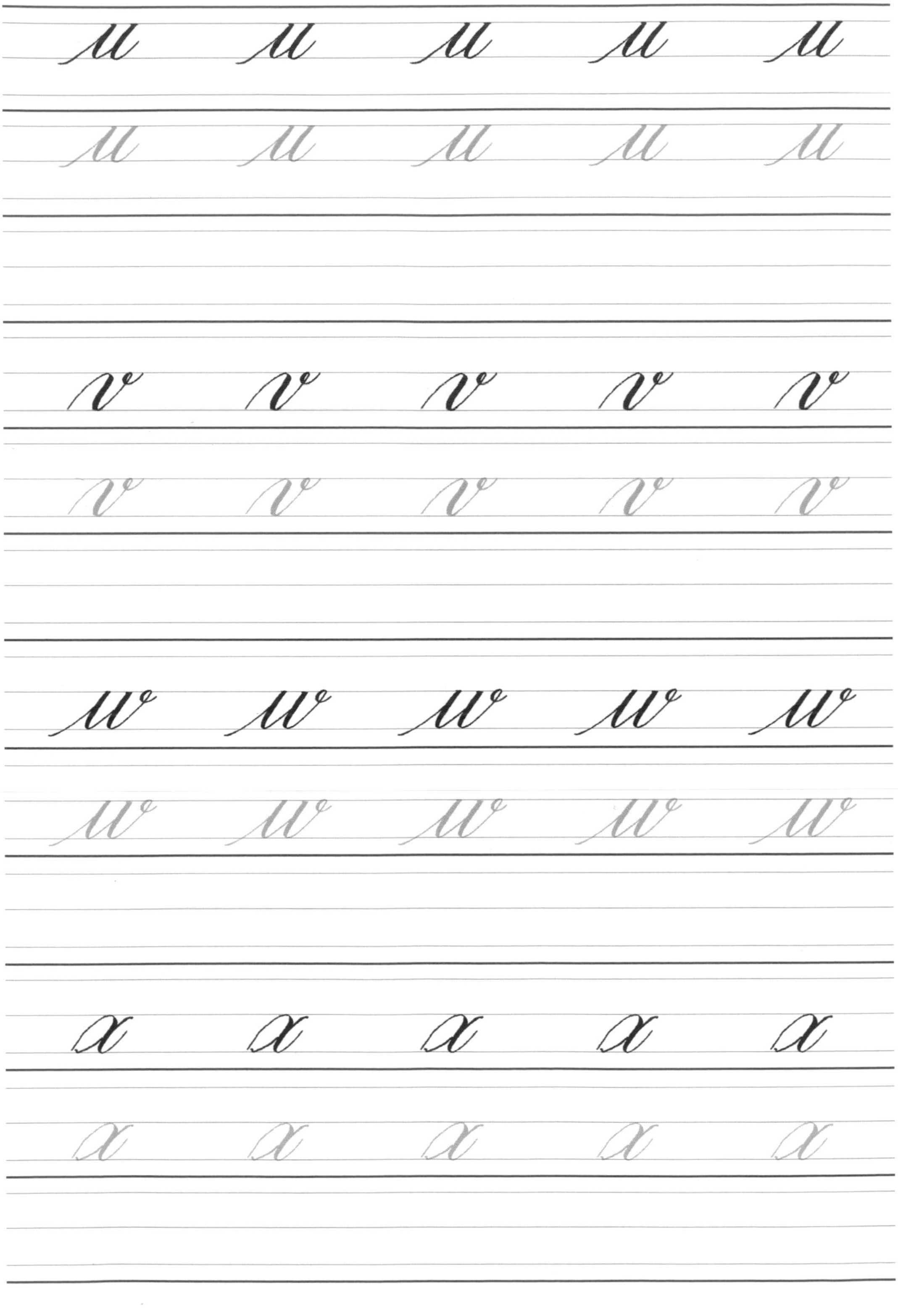

浪漫式英文字體（小寫）y z

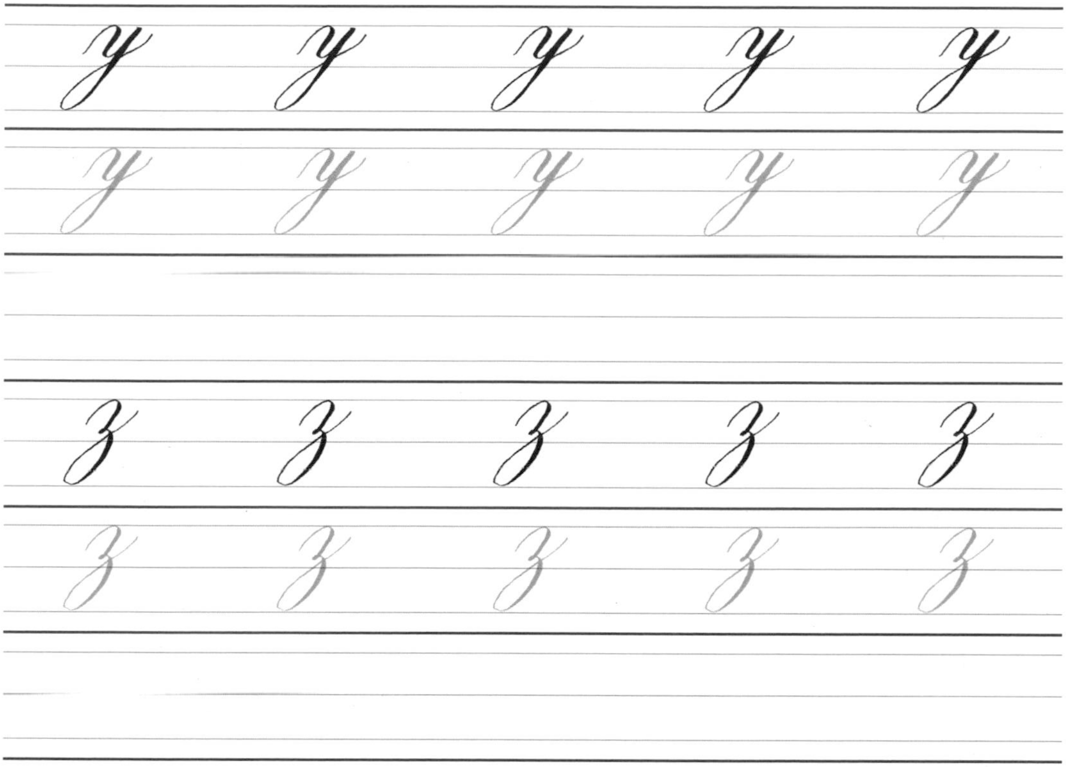

About

筆尖溫度

筆尖溫度粉絲團版主，
目前為英文書法與紓壓沾水筆繪畫的教師，
畫風融合西方的英文書法，
與東方的曼陀羅圖案，
創作獨特的「文字曼陀羅」，歡迎同好一起加入喔！

Accept（接受）

Believe（相信）

Care（關心）

Devoted
（全心全意）

Enjoy（享受）

Freedom（自由）

Give（付出）

Heart（心）

Independence
（獨立）

Jealousy（妒忌）

Kiss（吻）

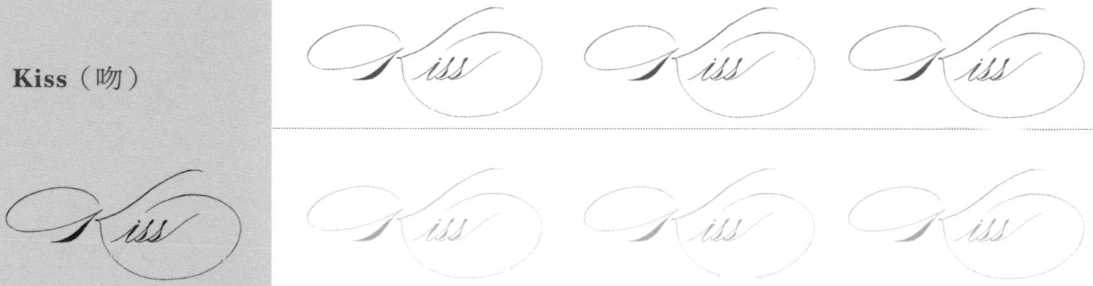

Love（愛）

Mature（成熟）

Natural（自然）

Observe（觀察）

Protect（保護）

Quarter（寬恕）

Receive（接納）

Share（分享）

Try（嘗試）

Understand
（明白）

Vow（誓言）

Willingness
（願意）

Xylophone（木琴）

Yield（退讓）

Zest（熱情）

About

黃璽丹

也可以叫我 Stan。

創作想表達的是「書法」雖然可以獨立出一個藝術領域，

但其實有更多可能與其他領域做結合，我很喜歡古典經典的筆法傳統，

但也非常支持新形式的創作嘗試。書法藝術對我來說就是豐富生活的興趣，

大家都可以在生活中體會，並享受其中。

生活中或許有失望
但千萬不要絕望
滿懷期望 永不放棄希望

不畏強光 正面向著太陽
伴隨而來將是勇氣與成長

不要擔心自己出身低 蹲得越低
才有機會跳得越高

用你的笑容去改變世界
而不是讓世界改變你的笑容

就算沿途有很多人笑你傻瓜
也要當個堅持的傻瓜

~布衣

生活中或許有失望
生活中或許有失望

但千萬不要絕望
但千萬不要絕望

滿懷期望永不放棄希望
滿懷期望永不放棄希望

不畏強光正面向著太陽
不畏強光正面向著太陽

伴隨而來將是勇氣與成長
伴隨而來將是勇氣與成長

不要擔心自己出身低
不要擔心自己出身低

蹲得越低
蹲得越低

才有機會跳得越高
才有機會跳得越高

用你的笑容去改變世界
用你的笑容去改變世界

而不是讓世界改變你的笑容
而不是讓世界改變你的笑容

就算沿途有很多人笑你傻瓜
就算沿途有很多人笑你傻瓜

也要當個堅持的傻瓜
也要當個堅持的傻瓜

朋友別哭

有沒有一扇窗 能讓你不絕望
看一看花花世界 原來像夢一場
有人哭 有人笑 有人輸 有人老
到結局還不是一樣

有沒有一種愛 能讓你不受傷
這些年堆積多少對你的知心話
什麼酒醒不了 什麼痛忘不掉
向前走 就不可能回頭望

有沒有一扇窗能讓你不絕望
有沒有一扇窗能讓你不絕望

看一看花花世界原來像夢一場
看一看花花世界原來像夢一場

有人哭有人笑有人輸有人老
有人哭有人笑有人輸有人老

到結局還不是一樣
到結局還不是一樣

有沒有一種愛能讓你不受傷
有沒有一種愛能讓你不受傷

這些年堆積多少對你的知心話
這些年堆積多少對你的知心話

什麼酒醒不了什麼痛忘不掉

什麼酒醒不了什麼痛忘不掉

向前走就不可能回頭望

向前走就不可能回頭望

朋友別哭
我依然是你心靈的歸宿
朋友別哭要相信自己的路
紅塵中有太多茫然痴心的追逐
你的苦我也有感觸

朋友別哭
我一直在你心靈最深處
朋友別哭我陪你就不孤獨
人海中難得有幾個真正的朋友
這份情 請你不要不在乎

～布衣

朋友別哭
朋友別哭

我依然是你心靈的歸宿
我依然是你心靈的歸宿

朋友別哭要相信自己的路
朋友別哭要相信自己的路

紅塵中有太多茫然痴心的追逐

紅塵中有太多茫然痴心的追逐

你的苦我也有感觸

你的苦我也有感觸

朋友別哭

朋友別哭

我一直在你心靈最深處

我一直在你心靈最深處

朋友別哭我陪你就不孤獨

朋友別哭我陪你就不孤獨

人海中難得有幾個真正的朋友

人海中難得有幾個真正的朋友

這份情請你不要不在乎

這份情請你不要不在乎

布衣

布衣

About

布衣老師（鄭文彬）

華人地區唯一「寫字基本功」專家，
「實用寫字課」教學法創始人。
台灣各縣市、新加坡教育部、中國各省市、
馬來西亞等教師寫字培訓講師
著作：《寫字基本功》、《實用寫字課》等